种菜致富技术问答

无公害黄瓜致富生产技术问答

陈杏禹　主编

中国农业出版社

序

蔬菜是人们日常生活中不可替代的副食品，不论男女老幼，不分民族信仰，不管贫富贵贱，一日三餐少不了。蔬菜是重要的营养保健食品，人体健康所需生理活性物质（维生素、胡萝卜素、类胡萝卜素、酶、多糖等）、矿物质、食用纤维等，主要来源于蔬菜，蔬菜产业的可持续发展和蔬菜产品的安全有效供给是国民身体健康的基础性保障。蔬菜是极为特殊的商品，不仅要求商品数量充足、花色品种丰富（多样），而且多以鲜活的产品供应市场，新鲜度要求高，市场供求关系敏感性强、反应快，社会关注度大。发展蔬菜生产，保障蔬菜有效供给，既是促进农业增效、农民增收的重要经济问题，更是关系城乡社会安定和谐的重大政治问题。

20 世纪 80 年代中期以来，随着农村经济体制改革和种植业结构调整的不断推进，社会主义市场经济体制的逐步确立和不断完善，使蔬菜产业得到了持续快速发展。截至 2010 年，全国蔬菜（含西瓜、甜瓜、草莓，下同）播种面积 30 081.7 万亩，产量 66 915.7 万吨，分别比 1980 年增长 5.3 倍和 7.3 倍。其中，各类设施蔬菜面积达 5 020 万亩，

注：亩为非法定计量单位，15 亩＝1 公顷。

约比 1980 年增长 468 倍多。其中塑料大中棚 1 953.2 万亩，塑料小拱棚 1 918.2 万亩，节能日光温室 926.5 万亩，普通日光温室 173.5 万亩，加温温室 29 万亩，连栋温室 19.6 万亩。另据 FAO 公布，同年中国蔬菜收获面积 2 408 万公顷，总产量 45 773 万吨，占世界的 44.5% 和 50%，是世界上最大的蔬菜生产国和消费国。

随着蔬菜生产特别是设施蔬菜生产的持续快速发展，我国于 20 世纪 80 年代末实现了早春和晚秋蔬菜供应的基本好转，90 年代中期基本解决了冬春和夏秋两个淡季蔬菜的生产供应的历史性难题。据匡算，2010 年全国设施蔬菜产量已达 2.47 亿吨，人均占有量已达到 185.7 千克，周年供应的均衡度大为提高，淡季蔬菜的供应状况根本好转，实现了从"有什么吃什么到想吃什么有什么"的历史性转变。

"九五"期间，我国彻底告别了蔬菜短缺时代，人民生活总体达到了小康水平，蔬菜质量安全成为广大居民和社会舆论关注的焦点。为此，农业部于 2001 年开始实施"无公害食品行动计划"，蔬菜质量安全工作得到全面加强，质量安全水平明显提高。农业部多年例行抽检结果显示，按照国家标准判定，目前我国的蔬菜农药残留合格率都在 95% 以上，与 2001 年以前相比提高近 30 个百分点。但是，应该清醒地看到，现有的蔬菜质量安全成果是以强大的行政监管措施为保证的，无论哪个地方，只要行政监管稍有松懈，蔬菜农残超标率就会反弹，甚至发生质量安全事故。为了稳定提高蔬菜的质量安全水平，必须在全面加强对菜农的质量安全法规和职业道德教育的同时，大力普及无公害蔬菜生产技术。辽宁农业职业技术学院的吴国兴先生，从普及无公害蔬菜周年生产技术需要出发，从菜农的实际需要出发，从生产关键技术和菜农朋友想问的问题出发，主编了《种菜致富技术问答》丛书，全套丛书的编著者都是理论造诣深、实践经验丰富的专家和科技工作者，针对无公害蔬菜生产中常见问题和新时期的菜农特点，选择市场需求量大、经济效益高的蔬菜种类，采取问答式的表述方式，全面介绍周年无公害生产的新方法、新模式、新技术，内容系统完整，重点突出；理论贴近生产，技术科学实用；技术集成创新，措施操作性强；见解独到，深入浅出；表述简明扼要，语言通俗易懂，注重可接受性，菜农看了能懂、照着能做，既是菜农不可缺少的无公害蔬菜生产指南，也是基层农技人员指导无公害蔬菜生产的重要参考书。

值此丛书即将出版发行之际，谨作此序表示祝贺。

全国农业技术推广服务中心首席专家　张真和

2012.5.30

前　言

黄瓜是蔬菜生产中的主栽作物，也是设施反季节蔬菜生产中栽培面积较大、经济效益较高的种类之一。近年来，随着农业产业结构调整的不断深入和人民生活水平的提高，消费者对黄瓜商品质量要求越来越严格，生产者也从过去单纯追求产量，转变为产量、质量并重。由于设施黄瓜连年栽培，连作障碍和病虫害比较严重，防治困难，传统的栽培管理方式已不能适应人们对安全健康食品的需求。因此，黄瓜安全生产技术越来越受到人们的重视。为进一步提高黄瓜的商品质量和安全卫生水平，满足生产者和消费者对无公害生产技术和无公害黄瓜产品的需求，作者总结多年黄瓜种植经验，并集成国内外先进的生产管理技术和科研成果，编写了此书，以通俗易懂的文字和农民朋友喜闻乐见的形式将优质黄瓜高产高效种植技术呈现给大家。并针对每一技术环节中的关键问题设立了提示板，提醒农民朋友加以注意，以避免和减少操作失误造成经济损失。

本书在编写过程中参阅了大量专家学者的文献资料，在此表示诚挚的感谢！由于编者水平有限，书中疏漏和不妥之处，恳请读者批评指正。

编　者

2012.10

目　录

第一部分 无公害黄瓜生产基本知识

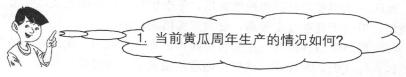

1. 当前黄瓜周年生产的情况如何？

　　黄瓜，别名胡瓜、王瓜，葫芦科黄瓜属一年生攀缘性植物。黄瓜以嫩果供食，营养丰富，富含粗纤维、多种维生素和无机盐，既可作水果鲜食，又可用于凉拌、炒食、做汤、泡菜、盐渍、糖渍、制干和制罐，各种食法都别有风味，深受消费者喜爱。加之品种类型丰富，适应性较强，所以分布十分广泛，是全球性的主要蔬菜之一。

　　随着农业科学技术的飞速发展，自20世纪80年代以来，人们利用日光温室、塑料拱棚、遮阳网等园艺设施，人为创造出利于黄瓜生长的条件，做到春提早、秋延后、越冬、越夏生产，解决了露地生产的季节性和消费的连续性之间的矛盾，实现了周年生产、均衡供应。根据不同的地理位置及栽培习惯，我国大体上可以分为以下6个黄瓜种植区：

　　（1）东北类型种植区　主要包括黑龙江、吉林、辽宁北部、内蒙古、新疆北疆等地。此区冬季气候严寒，虽然越冬加温温室黄瓜种植面积呈逐年上升趋势，但其栽培总面积仍然很小，主要为露地、大棚栽培及节能日光温室栽培。

（2）华北类型种植区　主要包括辽宁南部、北京、天津、河北、河南、山东、山西、陕西、江苏北部。这是我国栽培茬口最多的一个地区，是我国主要的温室大棚黄瓜种植区，也是我国黄瓜最大生产区。

　（3）华中类型种植区　主要包括江西、湖北、浙江、上海、江苏、安徽。此区主要为露地和大棚黄瓜栽培，近年来也发展了一些越冬日光大棚，用作冬季栽培黄瓜。

　（4）华南类型种植区　主要包括广东、广西、海南、福建、云南。此区一年四季均可露地种植黄瓜，冬季也有一些小拱棚及地膜覆盖栽培，但由于夏季温度偏高，夏黄瓜种植面积小。

　（5）西南类型种植区　主要包括四川、重庆、贵州。此区属于高原地区，纬度低，海拔高，气候及地理环境复杂，栽培茬口多样，主要为露地及大棚黄瓜栽培，近年四川、重庆的高山地区节能日光温室黄瓜也有了一定的栽培面积。

　（6）西北类型种植区　主要包括甘肃、宁夏、新疆南疆。此区黄瓜栽培基础较差，但近年来发展较快，特别是保护地黄瓜种植面积有了很大的增长，但种植技术与华北地区等还有一定差距。另外，西藏、青海的黄瓜种植发展也较快，栽培总面积有一定增长，以露地种植为主，但大棚、节能日光温室的种植面积也在逐年大幅度增加。

提　示　板

　　目前，全国黄瓜栽培面积已达到 150 万公顷，我国自行培育的各类型优良品种已满足了早熟、抗病、高产和设施配套生产的需求，产品供应已达到数量充足，周年供应。但与农业发达国家相比，我国黄瓜生产尚存在一定的差距，如单位面积产量不高、产品质量有待提高、采后处理和深加工环节薄弱等。因此，大力推广高产抗病新品种和无公害生产技术，实现专业化、标准化、产业化生产，是当前我国黄瓜产业的发展方向。

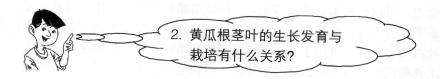

2. 黄瓜根茎叶的生长发育与
栽培有什么关系？

黄瓜为浅根系作物，大部分根群分布30厘米土层内。根系好气性强，栽培上要选择透气性良好的沙壤土。根系生长适宜温度20～23℃，表层土壤温度相对较高，故定植时宜浅栽，即农谚中所说的"黄瓜露坨，茄子没脖"。黄瓜根系木栓化程度高，再生能力差，伤根后不易恢复。因此生产上普遍采用护根育苗，带坨定植。黄瓜根系喜湿但不耐涝，喜肥但不耐肥。土壤湿度达到85％～95％，土壤含氧量在5％以上有利于根系活动。土壤水分过少，根系易老化；水分过大，则易沤根。黄瓜产量高，需肥量大，但黄瓜根系又不耐肥，施肥过多，尤其是化肥过量，常常会产生肥害。因此，生产中应根据黄瓜不同时期对营养物质的需要量酌情施肥，并以施用农家肥为主。黄瓜茎基部近地面处有形成不定根的能力，尤其是幼苗发生不定根的能力较强。不定根有助于黄瓜吸收肥水，故栽培上有培土、点水诱根之说。

黄瓜的茎不能直立生长，生产上必须引蔓上架。只要环境条件适宜，茎可以无限生长。打顶破坏主枝的顶端优势后，主蔓上的侧蔓由下而上依次发生。

黄瓜的叶分子叶和真叶两种。子叶面积虽小，但在幼苗刚出土时，子叶是唯一的同化器官，其贮藏和制造的养分是幼苗早期主要营养来源。黄瓜的真叶呈掌状五角形，叶面积大，蒸腾能力强，这是黄瓜不抗旱的重要原因之一。黄瓜从叶片展开后约10天发展成叶面积最大的壮龄叶，净同化率最高。壮龄叶是光合作用的中心叶，生产中要注意保护。由于叶龄的增长或叶片感病，当叶片制造养分不够呼吸消耗时，应及时摘除，以减轻植株负担。黄瓜的叶片具有一定的吸收能力，可以吸收水分和营养元素。因此对植株喷施叶面肥，可补充根系吸收之不足，改善植株的营养条件。植株叶腋处着生的卷须是黄瓜叶的变态器官，可用于攀缘生长。设施栽培时，植株攀缘生长多靠人工绑蔓或缠蔓，不需依靠卷须攀缘，需将卷须掐去，以减少养分的无效消耗。

黄瓜植株含水量高，茎秆和叶柄脆嫩，整枝缠蔓时要特别小心，以防茎秆折断。

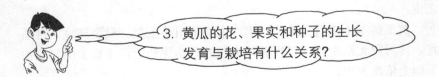

提　示　板

根、茎、叶是黄瓜的营养器官，负责吸收土壤中的养分和制造及运输光合产物，根茎叶生长发育良好，是植株丰产的前提条件。生产中必须按照黄瓜根、茎、叶的生长发育习性，前期注意浅定植、勤松土、保地温，促进根系发育；中期及时引蔓缠蔓，整枝打杈，及时均匀适量供肥供水；生长后期应及时去除老叶、病叶，减少养分消耗，当根系老化时，可通过叶面追肥来补充植株所需营养。

3. 黄瓜的花、果实和种子的生长发育与栽培有什么关系？

黄瓜的花多为单性花，包括雌花和雄花两种类型。雌花就是花下部有小黄瓜（子房）的花，可以结瓜。雄花就是农民常说的晃花，能产生花粉，但不能结瓜（图1）。主蔓上第1雌花的节位高低与早熟性有很大关系，早熟品种第3～4节出现雌花，而晚熟品种第8～

10 节以上才出现雌花。雌花多的品种结瓜多，节成性好。生产上有的黄瓜品种节节有瓜，没有雄花，这种类型叫做雌性系黄瓜，进口黄瓜品种多为此类型。

雌花的多少和早熟性与黄瓜苗期的环境条件有很大关系。因为黄瓜在苗期就开始花芽分化，第 1 片真叶展开时，花芽已分化到第 9 节，但花的性型尚未确定。因为黄瓜花的性型是可塑的，最初分化出花的原始体，具有雌蕊和雄蕊两性原基。当环境条件适于雌蕊原基发育时，雄蕊原基退化，雌蕊原基发育，形成雌花；环境条件适于雄蕊原基发育时，

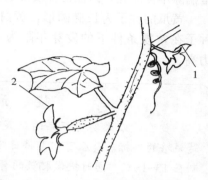

图 1　黄瓜的雌花和雄花
1. 雄花　2. 雌花

雌蕊原基退化，雄蕊原基发育就形成雄花。环境条件和栽培措施可影响黄瓜花芽的性型分化。通常 13～15℃ 的低夜温和 8 小时左右的短日照有利于雌花分化。不但雌花数多，着花节位也低；较高的空气湿度、土壤含水量、土壤有机质含量和二氧化碳浓度等均有利于雌花分化。此外，花的性型受激素控制，乙烯多增加雌花，赤霉素多增加雄花。因此，苗期可以通过控制温度和光照条件、喷施乙烯利等技术措施对黄瓜的花进行性型调控，以降低雌花节位，增加雌花数量，达到早熟、高产的目的。

黄瓜果实是由子房发育而成的。正常的发育过程应是雌花和雄花开放后，通过授粉受精形成种子，种子在发育的过程中形成生长素，促进子房的膨大，最后形成果实。而黄瓜与其他瓜类不同，它具有单性结实能力，就是不经过授粉受精也能形成正常果实。这是因为黄瓜子房中生长素含量较高，能控制自身养分分配所致。设施栽培黄瓜由于缺乏授粉昆虫，因此要求品种具有较强的单性结实能力，低温、弱光条件下容易坐果。但如果进行人工辅助授粉会促进果实的正常发

育，具有增加产量和改善品质的作用。需要指出的是，子房是果实的雏形，其大小和形状决定将来瓜的大小和形状，因此，栽培中就应经常摘除不良雌花，以保证优质瓜的形成。

黄瓜的种子为长椭圆形，黄白色。黄瓜种子千粒重 22～42 克，种子在常规条件下的发芽年限为 4～5 年，但 1～2 年的种子生活力高。

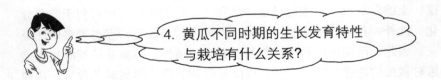

提 示 板

黄瓜是以果实为产品的蔬菜作物，早结瓜、多结瓜、结好瓜是栽培的目标。黄瓜育苗期将日照时间控制在 8 小时左右，夜温控制在 13~15℃，同时提供肥沃的育苗基质、充足的水分和二氧化碳气体有利于降低雌花节位，增加雌花数量。如果环境条件无法控制，也可通过激素处理达到同样的目的。设施内的环境不利于植物自然授粉，而黄瓜具有单性结实能力，大大减少了人工授粉的工作量。

4. 黄瓜不同时期的生长发育特性与栽培有什么关系？

黄瓜的生长发育周期大致可分为发芽期、幼苗期、初花期和结果期 4 个时期。

（1）发芽期　由种子萌动到第 1 真叶出现为发芽期，5～10 天。发芽期生育特点是主根下扎，下胚轴伸长和子叶展平。生长所需养分完全靠种子本身贮藏的养分供给。所以生产上要选用充分成熟的种子，以确保发芽期生长旺盛。子叶拱土前应给以较高的温湿度，以利幼苗出土；出土后则应适当降温，尤其是要降低夜温，以防止下胚轴徒长，形成"高脚苗"。发芽期末期是分苗的最佳时期，为了护根和提高成活率，应抓紧时间分苗。

（2）幼苗期　从真叶出现到4～5片真叶为幼苗期，20～30天。幼苗期黄瓜的生育特点是叶的形成、主根的伸长和侧根的发生，以及苗顶端各器官的分化形成。由于本期以扩大叶面积和促进花芽分化为重点，所以首先要促进根系的发育。黄瓜幼苗期已孕育分化了根、茎、叶、花等器官，为整个生长期的发展，尤其是产品产量的形成及品质的提高打下了坚实的基础。所以，生产上创造适宜的环境条件，培育适龄壮苗是栽培技术的重要环节和早熟丰产的关键。在温度和肥水方面应本着促控结合的原则，以适应此期黄瓜营养生长和生殖生长同时并进的需要。此阶段中后期是定植适期。

（3）初花期　初花期也叫抽蔓期，由真叶5～6片到根瓜坐住为初花期，15～25天，一般株高1.2米左右，已有12～13片叶。黄瓜初花期发育特点主要是茎叶形成，其次是花芽继续分化，花数不断增加，根系进一步发展。初花期是由"以营养生长为主的时期"向"以生殖生长为主的时期"过渡的关键阶段，栽培上既要促使根的活力增强，又要扩大叶面积，确保花芽的数量和质量，并使根瓜坐稳，避免徒长和化瓜。

（4）结果期　从根瓜坐住到拉秧为结果期。结果期的长短因栽培形式和环境条件的不同而异。露地夏秋黄瓜只有40天左右，日光温室越冬茬黄瓜长达120～150天。黄瓜结果期生育特点是连续不断地开花结果，根系与主、侧蔓继续生长。此期管理的关键是调整"秧"（营养生长）和"果"（生殖生长）的关系，使二者平衡生长，最终达到延长结果期的目的。结果期的长短，主要取决于环境条件和栽培技术措施。管理温度的高低、肥料是否充足、灾害性天气出现的频率、病害的发生与流行等因素都决定着黄瓜结果期的长短。结果期由于不断地结果，不断地采收，物质消耗很大，所以生产上一定要及时地供给足够的肥水。

提 示 板

发芽期应创造适宜的温度、水分和气体条件，促进小苗尽快出土；幼苗期可通过控制温度和水分，既要保证根茎叶的发育，又要促进花芽分化；初花期促控结合，首先培育健壮的植株，搭起丰产架子，然后适当控温控水"蹲瓜"，将生长重心由茎叶过渡到果实；黄瓜结果期的特点是秧果同时生长，管理的关键是调整"秧果"关系，使二者平衡生长。结果期也是需水、需肥量最多的时期。

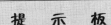

5. 黄瓜有哪些品种类型？

黄瓜栽培历史悠久，分布广泛，适于各地多样的生态环境条件，在长期进化过程中形成了多种品种类型。常见的有以下几种类型：

（1）华北型 俗称"水黄瓜"，主要分布于中国黄河流域以北地区及朝鲜和日本。该类型黄瓜生长势中等，茎节和叶柄较长，叶片大而薄，对日照长短要求不严，喜土壤湿润、天气晴朗的气候条件，抗湿、抗热性及耐弱光性都较差。果实较细长，刺瘤密，白刺。代表品种有北京大刺、长春密刺、宁阳大刺等。

（2）华南型 俗称"旱黄瓜"，主要分布于我国长江以南及日本各地。该类型枝叶较繁茂，茎粗，节间短，叶片肥大，较耐热及弱光，要求短日照。果实短粗，果皮硬，刺瘤稀，多黑刺。代表品种有九月青、旱叶三、杭州青皮、上海杨行等。

（3）欧美型 此类型主要分布于欧洲及北美各地，有东欧、北美等品种群。该型枝蔓繁茂，果实多短粗，瘤稀，黑刺或红刺。现在以一代杂种用于生产，适于露地栽培。

（4）北欧型　此类型主要分布于美国、荷兰。该类型叶大枝旺，果实光滑无刺瘤，适应低温弱光，种子少或单性结实，对日照长短要求不严格，多用于设施栽培。生产上应用的几乎都是一代杂种。

（5）南亚型　此类型的品种多是没有被整理和改良的地方品种，适合南亚湿热条件下的露地栽培。茎叶粗大，易分枝。果实多粗而长，呈圆筒形，刺瘤稀少或无，皮厚味淡，皮色浅，喜湿热。严格要求短日照。地方品种很多，如锡金黄瓜、中国版纳黄瓜、昭通大黄瓜都属此类型。

（6）小型黄瓜　此类型主要分布于亚洲和欧美各地。植株较矮小，分枝性强。花多果多，果实小，适合腌渍用，如中国扬州乳黄瓜。

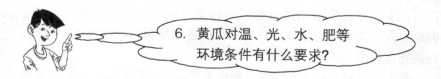

提　示　板

黄瓜的品种类型较多。目前我国大面积栽培的主要包括华北型、华南型和北欧型 3 个品种类型。其中华北型品种广泛应用于设施黄瓜栽培，华南型品种露地栽培面积较大。近年来，北欧型黄瓜作为鲜食型水果黄瓜栽培，于冬春季节上市，取得了比较好的经济效益。

6. 黄瓜对温、光、水、肥等环境条件有什么要求？

（1）黄瓜对温度的要求　黄瓜是典型的喜温植物，生长发育的温度范围为 10～32℃，最适温度为 24℃。由播种到成熟需要的积温为 800～1 000℃。黄瓜正常生长发育所能忍耐的最高温度为 45℃，最低温度为 10～12℃。在 10℃以下时，各种生理活动都会受到影响，甚至停止。黄瓜植株组织柔嫩，一般－2～0℃为冻死温度。黄瓜对地温要求比较严格。黄瓜的最低发芽温度为 12.7℃，最适发芽温度为 25～30℃，35℃以上发芽率显著降低。生育期间黄瓜的最适宜地温为 20～25℃，最低为 15℃左右。

黄瓜生育期间要求一定的昼夜温差。因为黄瓜白天进行光合作用，夜间呼吸消耗，白天温度高有利于光合作用，夜间温度低可减少呼吸消耗，适宜的昼夜温差能使黄瓜最大限度地积累营养物质。一般白天 25～30℃，夜间 13～15℃，昼夜温差 10～15℃较为适宜。黄瓜植株同化物质的运转在夜温 16～20℃时较快，15℃以下停滞。但在 10～20℃范围内，温度越低，呼吸消耗越少。所以在生产上实行变温管理时，生育前期和阴天，宜掌握下限温度管理目标，生育后期和晴天，宜掌握上限管理指标。这样既有利于促进黄瓜的光合作用，抑制呼吸消耗，又能延长产量高峰期和采收期。

（2）黄瓜对光照的要求　黄瓜是喜光蔬菜，光饱和点为 55 000 勒克斯，光补偿点为 1 500 勒克斯，生育期间最适光照强度为 4 万～5 万勒克斯，2 万勒克斯以下不利于高产。黄瓜在果菜类中属于比较耐弱光的蔬菜，所以设施反季节栽培中，只要满足了温度条件，冬季仍可进行。但是冬季日照时间短，光照弱，黄瓜生育比较缓慢，产量低。黄瓜上午光合效率高，制造的同化物占全日同化总量的 60%～70%；下午光合效率相对较低，只占全日同化总量的 30%～40%。因此，在冬春季日光温室生产黄瓜时应适当早揭苫，增加上午光照，提高光合效率。

黄瓜对日照长短的要求因品种生态型不同而有差异。一般华南型品种对短日照较为敏感，而华北型品种对日照的长短要求不严格，已成为日照中性植物，但苗期给予 8～11 小时的短日照能促进雌花的分化和形成。

（3）黄瓜对水分的要求　黄瓜根系浅，吸收能力差；叶面积大，蒸腾能力强。因此，对土壤水分和空气湿度要求比较严格。黄瓜的适宜土壤湿度为土壤持水量的 60%～90%，适宜空气相对湿度为60%～90%，但也可以忍受 95%～100%的空气相对湿度。不过空气湿度过高容易造成病害流行，严重影响产量和品质。所以棚室生产阴雨天以及刚浇水后，空气湿度大，应及时放风排湿。

黄瓜在不同生育阶段对水分的要求不同。幼苗期水分不宜过多，水多容易发生徒长，但也不宜过分控制，否则易形成老化苗。初花期对水分要控制，防止地上部徒长，促进根系发育，建立具有生产能力的同化体系，为结果期打下好基础。结果期营养生长和生殖生长同步进行，叶面积逐渐扩大，叶片数不断增加，果实发育快，对水分要求多，必须供给充足的水分才能获得高产。

黄瓜根系的特点导致黄瓜喜湿怕旱又怕涝，所以必须经常浇水才能保证黄瓜取得高产。但一次浇水过多又会造成土壤板结和积水，影响土壤的透气性，反而不利于植株的生长。特别是早春、深秋和隆冬季节，土壤温度低、湿度大时极易发生寒根、沤根和猝倒病。故生产上采用滴灌和膜下暗灌等措施，起到降低土壤水分蒸发，防止地面板结，减少浇水次数，提高地温的作用，同时保持较低的空气湿度，减少黄瓜病害的发生。

（4）黄瓜对土壤营养的要求　栽培黄瓜宜选有机质含量高、保水保肥能力强、疏松透气的壤土或沙壤土。这种土壤能平衡黄瓜根系喜湿而不耐涝、喜肥而不耐肥等矛盾。黏土地温升高慢，透气性差，黄瓜定植后发根不良；沙土发根较旺，但根系易老化造成植株早衰。黄瓜喜欢中性偏酸性的土壤，在土壤酸碱度为 pH5.5～7.2 的范围内都能正常生长发育，但以 pH6.5 为最适。

由于黄瓜植株生长迅速，短期内生产大量果实，而且茎叶生长与结瓜同时进行，这必然要消耗土壤中大量的营养元素，因此需肥量比其他蔬菜要大些。如果营养不足，就会影响黄瓜的生育。但黄瓜根系吸收养分的范围小、能力差，忍受土壤溶液的浓度较小，所以黄瓜施肥应以农家肥为主，只有在大量施用农家肥的基础上提高土壤的缓冲能力，才能施用较多的速效化肥。施用化肥要配合浇水进行，以少量多次为原则。一般每生产 1 000 千克果实需吸收氮 2.8 千克，五氧化二磷 0.9 千克，氧化钾 4.0 千克，氧化钙 2.1 千克，氧化镁 0.4 千克。

黄瓜不同生育期对肥料种类的需求有所不同。播种后 20～40 天，也就是育苗期间，磷的效果特别显著，此时不可忽视磷肥的施用。氮、磷、钾各元素的 50%～60% 在采收盛期吸收，其中茎叶和果实中三元素的含量各占一半。一般从定植至定植后 30 天，黄瓜吸收营养较缓慢，而且吸收量也少。直到采收盛期，对养分的吸收量才呈增长的趋势。采收后期氮、钾、钙的吸收量仍呈增加的趋势，而磷和镁与采收盛期相比都基本上没有变化。生产上应在播种时施用少量磷肥作种肥，苗期喷洒磷酸二氢钾，定植 30 天前后（即根瓜采收前后）开始追肥，并逐渐加大追肥量和增加追肥次数。

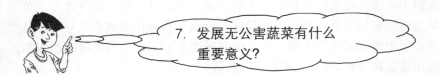

提 示 板

黄瓜所处的环境条件不同，生长适温也随之变化。光照强度增高、空气湿度增大和二氧化碳浓度升高都会使黄瓜的生育适温提高。因此，生产上要根据不同环境条件采用不同的温度管理指标。如光照弱时应采用偏低温管理，增施二氧化碳后，则应采用高温管理。

7. 发展无公害蔬菜有什么重要意义？

无公害蔬菜是指在良性生态环境中，按照一定的技术规程生产出的符合国家食品卫生标准的蔬菜。无公害蔬菜产品中农药、重金属、硝酸盐、病原微生物等有害有毒物质含量（或残留量）等各项指标均符合我国的食品卫生标准。无公害蔬菜的认证与管理执行农业部和国家质量监督检验检疫总局于 2002 年 4 月 29 日发布的《无公害农产品管理办法》，其产品标识如图 2。

图 2　无公害农产品标识

蔬菜是人们生活中不可缺少的副食品，它的质量直接关系到人民的生活水平和身体健康，也关系着生产者的产品价位和效益的高低。进入 21 世纪，随着生活质量的提高和自我保护意识的增强，人们对蔬菜的要求已从数量型转向质量型，从满足于有菜吃，发展到吃营养价值高的蔬菜、吃无公害蔬菜、绿色蔬菜。因此，发展无公害蔬菜，不仅满足了人民生活需要，同时也关系到一个民族、一个国家的国民素质和经济水平。加入 WTO 后，我国蔬菜产品出口具有很强的比较优势，但有害物质残留超标是制约蔬菜出口的最主要因素。目前，世界上大多数国家都非常重视进口食品的安全性，对药残等检测指标的限制十分严格，检验手段已经从单纯检测产品发展到验收生产基地。因此，为扩大出口创汇，必须大力发展优质无公害蔬菜。另外，设施蔬菜种植面积的迅速增加，导致农药、化肥的大量使用，在污染蔬菜产品的同时，也严重污染了生态环境。因此，大力发展无公害蔬菜的研究与生产，对于保护生态环境和农业的可持续发展具有重要意义，是我国蔬菜业发展的方向。

提 示 板

无公害蔬菜的生产理念是"从田间到餐桌全程质量控制"。发展无公害蔬菜的重大意义包括三方面：一是保证人们的身体健康的需要；二是蔬菜出口创汇的需要；三是保护生态环境，保证农业可持续发展的需要。

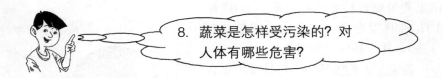

8. 蔬菜是怎样受污染的? 对
人体有哪些危害?

蔬菜产品内残留的有害物质主要包括重金属、硝酸盐、化学农药及有害微生物等。其中重金属主要来自栽培环境,工业生产排放的废水、废气和废渣污染了菜田的土壤、灌溉水和大气环境,常使环境中的铬、镉、汞、铅等重金属离子超标。而蔬菜作物又特别容易富集重金属离子,在被污染的土地上种出的菜有毒物质的含量可达土壤的 3～6 倍。如果人们长期食用重金属含量超标的蔬菜,有害物质会在体内浓缩积累引发骨痛、癌变、畸形等严重后果。

蔬菜生产中超量施入化肥,特别是速效氮肥,容易使菜体内的硝酸盐含量超标。过量的硝酸盐在人体内还原成亚硝酸盐后,破坏血液吸收氧的能力,导致高铁血红蛋白血症,婴幼儿尤为如此。亚硝酸盐与胃内的胺类物质结合生成的亚硝胺,可引起核酸代谢紊乱或突变,成为细胞癌变的诱因,常导致胃癌和食道癌。但由于硝酸盐的毒害作用缓慢而隐蔽,很少引起人们的重视。

蔬菜生产过程中,由于盲目追求防治效果,违规使用高毒、剧毒农药,超量使用低毒农药,或无视农药的安全间隔期,提前采收上市等做法,导致蔬菜产品化学农药残留超标。人们食用这样的蔬菜,常会引起急性中毒或慢性中毒,危害人们的健康。

城市垃圾、生活污水以及未腐熟的粪肥,常携带各种病原微生物,在蔬菜生长过程中,施用未腐熟的人畜粪肥作基肥、直接向叶菜类泼浇人粪尿、用污水灌溉菜田等农业措施,可使一些病原微生物及其代谢产物附着在蔬菜产品表面,人们食用后容易引起甲肝、痢疾、伤寒、不明原因的腹泻等多种疾病。

提　示　板

　　蔬菜产品内残留的有害物质主要包括重金属、硝酸盐、化学农药及有害微生物等，长期食用受污染的蔬菜，轻则导致各种疾病，重则危及生命。这些有害物质主要来自受污染的栽培环境及生产过程中肥料和农药不合理投入。因此，生产无公害蔬菜，应从环境监测、合理施肥和用药等方面入手。

9. 无公害蔬菜周年生产对环境质量有哪些要求？

　　生产无公害蔬菜，首先应选择不受污染源影响或污染物含量限制在允许范围之内，生态环境良好的农业生产区域作为生产基地，彻底切断环境中有害物质对蔬菜产品造成的污染。具体指标可参照《无公害食品　蔬菜产地环境条件》(NY5010—2002) 的规定，见表1、表2和表3。

表1　环境空气质量要求

项　　目		浓度限值			
		日平均		1小时平均	
总悬浮颗粒物（标准状态）（毫克/米³）	≤	0.30		—	
二氧化硫（标准状态）（毫克/米³）	≤	0.15ᵃ	0.25	0.50ᵃ	0.70
氟化物（标准状态）（微克/米³）	≤	1.5ᵇ	7		

　　注：日平均指任何1日的平均浓度；1小时平均指任何1小时的平均浓度。
　　a　菠菜、青菜、白菜、黄瓜、莴苣、南瓜、西葫芦的产地应满足此要求。
　　b　甘蓝、菜豆的产地应满足此要求。

表2 灌溉水质量要求

项　目	浓度限值		项　目	浓度限值	
pH	5.5～8.5		总铅（毫克/升）　≤	0.05[c]	0.10
化学需氧量（毫克/升）≤	40[a]	150	铬（6价）（毫克/升）≤	0.10	
总汞（毫克/升）　≤	0.001		氰化物（毫克/升）　≤	0.50	
总镉（毫克/升）　≤	0.005[b]	0.01	石油类（毫克/升）　≤	1.0	
总砷（毫克/升）　≤	0.05		粪大肠菌群（个/升）≤	40 000[d]	

　　a　采用喷灌方式灌溉的菜地应满足此要求。
　　b　白菜、莴苣、茄子、蕹菜、芥菜、芜菁、菠菜的产地应满足此要求。
　　c　萝卜、水芹的产地应满足此要求。
　　d　采用喷灌方式灌溉的菜地以及浇灌、沟灌方式灌溉的叶菜类菜地应满足此要求。

表3　土壤环境质量要求　　　　单位：毫克/千克

项　目	含　量　限　值					
	pH<6.5		pH6.5～7.5		pH>7.5	
镉　≤	0.30		0.30		0.40[a]	0.60
汞　≤	0.25[b]	0.30	0.30	0.50	0.35[b]	1.0
砷　≤	30[c]	40	25[c]	30	20[c]	25
铅　≤	50[d]	250	50[d]	300	50[d]	350
铬　≤	150		200		250	

　　注：本表所列含量限值适用于阳离子交换量>5厘摩尔/千克的土壤，若≤5厘摩尔/千克，其标准值为表内数值的半数。

　　a　白菜、莴苣、茄子、蕹菜、芥菜、苋菜、芜菁、菠菜的产地应满足此要求。
　　b　菠菜、韭菜、胡萝卜、白菜、菜豆、青椒的产地应满足此要求。
　　c　菠菜、胡萝卜的产地应满足此要求。
　　d　萝卜、水芹的产地应满足此要求。

提　示　板

　　建立无公害蔬菜生产基地首先要监测其环境条件，包括土壤、水源和气体环境，证明它过去基本上没有遭受到污染，即"本底值"不高，同时还要经过调查研究，证明其附近没有较大的污染源（如化工厂、冶炼厂、造纸厂等排污企业），今后也不会产生新的污染。其次，灌溉水要用深井地下水或水库等清洁水源，并确保菜田距公路主干道100~150米，以防止汽车尾气和灰尘的污染。

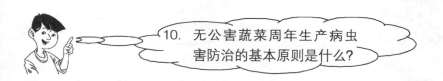

10.　无公害蔬菜周年生产病虫害防治的基本原则是什么？

　　蔬菜作物病虫害较多，特别是设施高温高湿的特殊环境，造成了多种病虫害严重发生，加之蔬菜的反季节栽培为病虫提供了越冬和滋生的场所，造成周年循环增加，增大了病虫害的防治难度。长期以来，人们采用化学农药曾使蔬菜的病虫草得到了有效控制。但实践证明，大量、不合理使用化学农药和化学除草剂，不仅破坏了菜田生态环境，使天敌种群衰弱，而且也使病虫害产生更强的抗药性，反过来又不得不加大农药用量，从而形成恶性循环，这就难免造成农药在农产品中的残留量严重超标。

　　为保证蔬菜的产品质量，减少化学农药对蔬菜产品的污染，无公害蔬菜病虫害防治的基本原则是"以蔬菜为对象，健身栽培为基础，优先采用农业综合防治、生物防治和物理防治措施，科学使用化学农药，协调各项防治技术，发挥综合效益，把病虫害控制在经济允许水平以下，并保证蔬菜中农药残留量低于国家允许标准"。

提 示 板

　　无公害黄瓜的病虫害防治，应本着"预防为主，综合防治"的植保方针，采取合理的栽培管理措施，培育健壮植株，综合运用农业防治、物理防治、生物防治和化学防治等手段，有效地控制病虫害的发生，并保证黄瓜产品上的农药残留量不超标。

11. 无公害黄瓜生产中怎样进行农业防治？

　　农业防治，是利用植物本身抗性和栽培措施来控制病虫害发生、发展的技术和方法，是进行无公害黄瓜生产的重要手段。主要包括以下措施：

　　（1）栽培场所消毒　本着"预防为主、综合防治"的方针，每茬蔬菜生产结束后，都应彻底清理并销毁病残体，以减少下一茬的病源和虫源。生产前利用广谱性的杀菌剂或杀虫剂对栽培设施进行熏蒸消毒。设施内的土壤可采用物理或化学方法进行全面消毒，杀死土壤中残留的病原物。

　　（2）培育无病虫适龄壮苗　俗话说"苗好七成收"。选用适当的育苗方式和管理技术，培育出适龄无病虫害的壮苗，定植前再对秧苗进行严格的筛选，可以大大减轻或推迟病害发生。

　　①种子消毒。多种病害可由种子带菌传播。播种前采取温汤浸种、高温干热消毒、药剂拌种、药液浸种等方法，都能较好地预防种子带菌传播的病害。

②嫁接换根。为防止瓜类枯萎病、茎基腐病和根结线虫，目前黄瓜普遍采用嫁接育苗。嫁接换根不但能有效地防止土传病害的发生，同时强大的根系也有利于抵抗不良环境，促进植株生长，达到增产增收的目的。

③无土育苗。传统的育苗方式多采用土壤育苗，如苗床土壤消毒不彻底往往会引起猝倒病、立枯病等苗期土壤病害的发生。如采用泥炭育苗或工厂化穴盘育苗等无土育苗方式，不但能防止土传病害的发生，而且无土基质疏松透气，适宜蔬菜幼苗根系的发育，有利于培养壮苗。

④秧苗锻炼。无论采用何种育苗方式，定植前都必须进行低温炼苗，增加秧苗的抗逆性，以迅速适应定植后的环境，确保成活率。具体方法是：定植前7～10天开始，每天逐渐加大通风量，降低苗床的温度和湿度，使之逐步接近定植后的环境。

（3）土壤的轮作和休闲　菜田土壤应积极实行轮作和间、混、套种，使病原菌和虫卵不能大量积累，以起到控制病虫发生的作用。生产实践证明，周年连续种植易使菜田地力降低，栽培黄瓜易发生各种病害。因此，设施栽培在追求经济效益的同时，必须重视土壤的培肥与休闲。以越冬生产为主的温室，每年盛夏季节应停止生产，休闲1～2个月，进行土壤消毒和增施有机肥，种地和养地相结合，这样才能保证下茬蔬菜的产量和品质。

（4）改进栽培措施

①选用优质塑料薄膜。黄瓜设施栽培应选用保温、无滴、防尘的多功能复合薄膜。此类棚膜透光率比普通膜提高10％～20％，平均温度提高2～3℃。这对改善温室温光环境，减少蔬菜体内硝酸盐含量十分重要。日光温室栽培应每年更换一次棚膜，以保证透光率，并尽可能早揭晚盖草苫，延长光照时间。

②合理安排种植密度。提倡宽窄行种植，在单位面积株数不变的条件下，加大行距，减少株距。温室长季节栽培的果菜类应适当稀植，利于通风透光，降低田间湿度，减少病虫害的发生。稀植时个体

生长健壮，抗病性也会大大增强。

③科学浇水。高畦双行地膜覆盖栽培，实行膜下沟灌或滴灌，可有效降低温室内的空气湿度，提高土壤温度，增强植株抗逆性，可显著减轻黄瓜霜霉病、疫病、枯萎病、灰霉病等危害。日光温室冬春季栽培，宜采用"熟水灌溉"，即灌水前将地下水或自来水在温室内的贮水池中贮存 1～2 天，使水温升至室温后方可灌溉，这样可以减少低温对根系的刺激，有利于防止病害的发生。

④遮阳避雨栽培。夏秋季节高温强光加上病虫害猖獗，给黄瓜生产和育苗带来了很大的困难。利用温室大棚骨架覆盖旧棚膜或遮阳网遮阴防雨降温，可大大减轻病毒病和蚜虫的危害，减少用药次数，提高产品品质。日光温室越冬茬作物转入露地越夏连秋栽培时，利用灰色遮阳网覆盖可降低室温 2～3℃，降低地表温度 4～5℃，并可驱避蚜虫。

⑤果实套袋。果实套袋栽培是一项有效提高蔬菜品质的新技术，现正在生产中逐步推广应用。试验表明，套袋可提高果实的外观商品性，还能有效防止虫害对果实的直接危害。特别是对于黄瓜这类可鲜食的蔬菜产品，套袋直接阻隔了化学农药对果实的污染，安全质量大大提高。

提 示 板

农业防治又叫"栽培防治"或"健身栽培"，其核心是培育健壮的植株，创造不利于病虫害发生和蔓延的小气候环境，通过增强植株自身的抗性来抵御或减轻病虫为害，从而减少化学农药的使用。

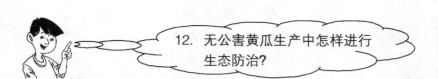

12. 无公害黄瓜生产中怎样进行
生态防治?

　　寄主与有害生物对环境条件的要求往往有一定的差异，利用这种差异，创造一个有利于黄瓜生长、不利于有害生物发生的环境条件，从而达到减轻病害的目的，即生态防治。

　　（1）防止叶面结露　叶面上凝结的水珠是大部分病害发生的先决条件，叶面结露再加上适宜温度，病害就会迅速蔓延。根据病害发生规律和黄瓜对温、湿度的要求，在上午、下午、前半夜和后半夜进行不同的温、湿度管理，可有效地控制病害发生。具体做法是：早上在室外温度允许的情况下，放风1小时左右以排除湿气；上午密闭棚室，温度提到28～32℃，这样利于植株进行光合作用，并抑制部分病害的发生；中午、下午放风，温、湿度降至20～25℃和65％～70％，保证叶片上无水滴，这样温度虽然适于病菌萌发，但湿度条件绝对限制了病菌的萌发；夜间不通风，湿度上升到80％以上，温度却降到11～12℃，湿度适合，但低温却限制了病菌的萌发，并且利于植株减少呼吸消耗，积累养分。同时，要科学浇水，必须选晴天早上浇，浇完后密闭棚室，温度提到40℃左右，闷1～2小时后放风排湿，使叶片上没有水滴或水膜。

　　（2）叶面微生态调控　大部分病原真菌均喜酸性，通过喷施一定的化学试剂可以改变寄主表面的微环境，从而抑制病原菌的生长和侵染。如白粉病刚刚发生时，喷小苏打溶液，隔3天喷1次，连喷5～6次，既防白粉病，又可分解出二氧化碳，提高产量。用27％高脂膜乳剂80～100倍液，6天喷1次，连续4次，可在植株上形成一层保护膜，阻止和减弱病毒的侵入。

提 示 板

　　常用的生态调控方法主要是防止叶面结露和改变叶面微环境，可用于预防病害的发生，适合在发病前或发病初期应用，有助于延缓或减轻病害的发生，但不具备治疗作用。

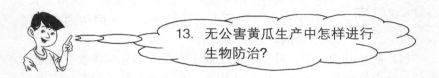

　　13. 无公害黄瓜生产中怎样进行生物防治？

　　生物防治，是利用生物或其代谢产物来控制蔬菜病虫害的技术。现行的生物防治技术主要有以下几种：

　　（1）利用天敌昆虫　天敌昆虫是对害虫具有寄生性或捕食性的昆虫、螨、线虫等动物，可通过商品化繁殖、施放起防治作用。如生产上利用捕食性昆虫草蛉、瓢虫防治蚜虫，植绥螨防治叶螨。寄生性昆虫如丽蚜小蜂防治温室白粉虱、金小蜂防治菜青虫等也在生产中取得了一定的应用效果。

　　（2）利用昆虫病原微生物　昆虫病原微生物有千余种，包括真菌、细菌、病毒和线虫等。这些微生物对人畜和植物是无害的，可制成生物农药，用来防治害虫。常用的有白僵菌、绿僵菌（真菌）、苏云金杆菌（细菌）、核型多角体病毒和颗粒体病毒及病原线虫等。

　　（3）利用昆虫生长调节剂、性信息激素　常用农药卡死克、抑太保、灭幼脲等均为昆虫生长调节剂，其作用机理是阻碍害虫的正常生长发育，从而达到防治效果。性诱剂则是用以防治害虫的性外激素或类似物，可用来直接诱杀害虫。

（4）利用农用抗生素　农用抗生素是由微生物发酵产生的具有农药功能的次生代谢物质，是生物源农药的重要组成部分，如防治真菌病害的灭瘟素、春雷霉素、多抗霉素、井冈霉素等；用于防治细菌病害的链霉素和土霉素等；用于防治螨类的浏阳霉素和华光霉素等；用于防治温室蚜虫、白粉虱、斑潜蝇等温室害虫的高效广谱抗生素阿维菌素等。

（5）利用植物源农药　利用具有杀虫、杀菌作用的植物毒素如烟碱、苦参碱、鱼藤酮、茴蒿素、大蒜素等制成的农药。

提　示　板

生物防治副作用少、污染少、环保效果佳等优点现已受到各界广泛重视，但由于成本高，技术复杂，目前正处于推广阶段。需要指出的是：生物防治见效慢，防治效果达 70%~80% 即为高效，应用时需加以注意。

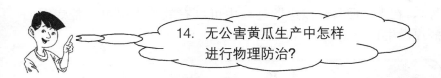

14.　无公害黄瓜生产中怎样进行物理防治？

物理防治主要是通过物理机械手段防治蔬菜病虫害。此类防治方法简单易行，投资少，效果好，可以大大减少化学农药残留量，提高蔬菜的商品质量。物理防治主要包括以下措施：

（1）诱杀害虫　诱杀害虫是根据害虫的趋光性、趋化性等习性，把害虫诱集杀死的一种方法。设施黄瓜生产中常用毒饵诱杀蝼蛄等地下害虫，用黄板诱杀蚜虫、温室白粉虱和美洲斑潜蝇，用蓝板诱杀蓟马等害虫。

（2）阻隔和驱避害虫　在温室大棚的通风口覆盖防虫网，可以防止害虫迁飞。利用蚜虫对银灰色的负趋向性，将用银灰色地膜进行地面覆盖。将灰色反光塑料膜剪成10～15厘米宽的挂条，挂于温室周围，可收到较好的避蚜效果。

（3）高温杀虫灭菌　种子处理时利用高温杀灭种子内外附着的病原物，盛夏季节温室土壤高温消毒等。利用高温闷棚的方法防治黄瓜霜霉病，是物理防治的经典案例之一。闷棚需选择晴天进行，前一天浇一次水，增加棚内湿度。早晨揭苫后封严温室，事先不能放风排湿，当温度上升到45℃时就开始记时，连续2小时保持在45℃，此期如温度超过47℃可通过回苫降温。由于黄瓜霜霉病病菌不耐高温，高温闷棚可杀死病原菌，处理1次，一般可控制黄瓜霜霉病7～10天。

（4）土壤电处理技术　利用辽宁省大连市农业机械化研究所研制的3DT－90型土壤连作障碍电处理机，在土壤微水分条件下（土壤含水量低于40％），通过脉冲电流杀灭土壤中的害虫，而土壤水分电解产生的氧化性气体（如酚类气体、氯气和微量原子氧等），在土壤团粒缝隙逸散过程中可以有效杀灭引起土传病害的病原微生物。

提　示　板

利用物理方法防治黄瓜病虫害，成本相对较低、见效快，在生产中应用较广。随着科学技术的进一步发展，声波助长、空间电场防病促进系统、种子磁化机、电子杀虫灯等物理农业新技术将在无公害蔬菜生产中发挥重要作用。

15. 无公害黄瓜生产中哪些
农药禁止使用?

为提高蔬菜品质，降低农药残留，蔬菜生产禁止使用高毒、剧毒和高残留农药。

禁止生产、销售和使用的 33 种农药

甲胺磷　甲基对硫磷(甲基 1605)　对硫磷(1605)　久效磷　磷胺　六六六　滴滴涕
毒杀芬　二溴氯丙烷　杀虫脒　二溴乙烷　除草醚　艾氏剂　狄氏剂　汞制剂
砷类　铅类　敌枯双　氟乙酰胺　甘氟　毒鼠强　氟乙酸钠　毒鼠硅　苯线磷
地虫硫磷　甲基硫环磷　磷化钙　磷化镁　磷化锌　硫线磷　蝇毒磷　治螟磷
特丁硫磷

限制使用的 17 种农药(＊禁止在蔬菜上使用)

＊甲拌磷(3911)　＊甲基异柳磷　＊内吸磷　＊克百威(呋喃丹)　＊涕灭威　＊灭线磷
＊硫环磷　＊氯唑磷　水胺硫磷　＊灭多威　硫丹　＊溴甲烷　＊氧乐果　三氯杀螨醇
氰戊菊酯　丁酰肼(比久)　氟虫腈(锐劲特)

任何农药产品都不得超出农药登记批准的使用范围使用。

提 示 板

无公害黄瓜生产应杜绝高毒、高残留农药的使用。农民朋友在选购农药时一定要注意弄清农药的主要成分及其通用名称，以免在生产中误用高毒农药。

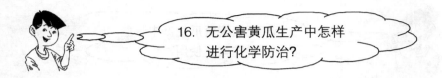

16. 无公害黄瓜生产中怎样
进行化学防治？

无公害黄瓜生产中允许限量使用限定的化学农药防治病虫害，以保证生产的正常进行。进行化学防治时应注意以下几点：

（1）对症下药　黄瓜病虫种类多，为害习性不同，对农药的敏感性也各异。因此，必须熟悉防治的对象，掌握不同农药的药效、剂型及其使用方法，做到对症下药，才能达到应有的防治效果。首先应正确诊断病虫害种类，确定是侵染性病害还是非侵染性病害，再决定是否用药。真菌、细菌、病毒等不同病原微生物引发的病害，用药的种类截然不同。如黄瓜霜霉病和细菌性角斑病发病症状极为相似，但一个为真菌性病害，一个为细菌性病害。其次，要了解农药的性能及防治对象。例如，扑虱灵对白粉虱若虫有特效，而对同类害虫则无效。辟蚜雾只对桃蚜有效，而对瓜蚜效果差。甲霜灵对黄瓜霜霉病有效，但不能防治白粉病。如果对自己菜田发生的病虫害种类和农药品种不够熟悉时，应查阅蔬菜病虫害图书，或向当地的农业技术人员咨询，确定病虫害的种类，再对症下药。

（2）选择最佳防治时期　任何病虫害在田间发生发展都有一定的规律性，根据病虫的消长规律，讲究防治策略，准确把握防治适期，准确选用适宜的农药，有事半功倍的效果。如黄瓜播种或移栽前，进行苗床、棚室消毒，土壤处理，药液浸种、药剂拌种等，有利于培育壮苗，减轻苗期病害。瓜类病毒病与苗期蚜虫有关，只要防治好苗期蚜虫，病毒病的发生率就能明显降低。

（3）正确选择农药剂型　晴天可选用粉剂、可湿性粉剂、胶悬剂等喷雾。阴天要选用烟熏剂、粉尘剂喷施或熏烟，不增加棚内湿度，减少叶露及叶缘吐水，对控制霜霉病及低温高湿病害有显著作用。

（4）严格控制施药次数、浓度、范围和用量 病虫害能局部处理的绝不普遍用药而扩大用药面积，无公害蔬菜的生产要尽量减少用药，施最少的药，达到最理想的防效。如黄瓜霜霉病常从发病中心向四周扩散，采用局部施药，封锁发病中心，可有效地控制病害蔓延。通常菊酯类杀虫剂使用浓度为 2 000～3 000 倍（每年每块地只使用一次以防止害虫抗药性的产生），有机磷为 1 500～2 000 倍，激素类为 3 000 倍左右，杀菌剂为 600～800 倍。在有效的浓度范围内，每 667 米^2 喷施药液 40～60 千克即可。如果杀虫效果 85% 以上，防病效果 70% 以上，即称为高效，切不可盲目追求防效而随意增加施药次数、浓度和剂量，以防药害产生和产品上农药残留超标。

（5）提倡交混用药 交混用药是指交替、混合使用作用方式等不同的药剂。同一地区连续、大量地长期使用同一种或同一类型药剂会使害虫、病菌等有害生物产生抗药性，降低防效；另外，对某一种作物来说，为了不同的目的，有时在同一时期内需要使用几种药剂，合理混用可以起到兼治多种病虫和节省用工、降低成本的作用。

（6）安全施用农药 使用农药时应特别注意防止农药中毒。首先应选用高质量的药械，选择密封性好，雾滴细小的喷药器械，可以提高药效，节省农药。其次，喷药时穿好防护服，戴好口罩和手套，避免农药和身体的直接接触。第三，避免在设施内温度较高时打药，以减少农药对作物和喷药人员的毒害。

提 示 板

　　就目前的生产水平来说，蔬菜生产还不能完全摆脱化学农药。因此，正确地选择农药的种类和剂型，适时用药、适量用药、交混用药、安全用药，是科学使用化学农药进行黄瓜无公害生产的核心。

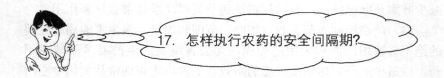

17．怎样执行农药的安全间隔期？

蔬菜施用农药以后，随着时间的推移，菜体上残留的农药的有效成分逐渐分解，毒性降低，直至食用后对人体不再产生危害，这段时间就叫做此种农药的安全间隔期。表4列出了蔬菜生产中常用农药的安全间隔期，供农民朋友使用参考。

表4　蔬菜常用农药安全间隔期

农药名称	安全间隔期（天）	农药名称	安全间隔期（天）
敌百虫	≥7	氰戊菊酯（速灭杀丁）	夏菜≥5，秋菜≥12
敌敌畏	≥5	氟氯氰菊酯（百树得）	≥7
乐斯本（毒死蜱）	≥7	顺式氯氰菊酯（快杀敌）	≥3
辛硫磷	≥5	三氟氯氰菊酯（功夫菊酯）	≥7
阿维菌素（爱福丁）	≥7	溴氰菊酯（敌杀死）	≥2
甲维盐	≥6	氯氰菊酯（安绿宝）	≥2
抑食肼	≥7	醚菊酯（多来宝）	≥7
乐果	≥5	顺式氰戊菊酯（来福灵）	≥3
抗蚜威（避蚜雾）	≥7	甲氰菊酯（灭扫利）	≥3
吡虫啉（一遍净、大功臣）	≥7	联苯菊酯（天王星、虫螨灵）	≥4
喹硫磷（爱卡士）	≥9	高效氯氰菊酯	≥10
溴螨酯	≥14	抑太保（定虫隆）	≥7
溴虫腈（除尽、虫螨腈）	≥10，十字花科≥14	卡死克	≥10

（续）

农药名称	安全间隔期（天）	农药名称	安全间隔期（天）
克螨特（炔螨特）	≥15	灭幼脲3号	≥15
锐劲特	≥7	除虫脲（灭幼脲1号）	≥7
巴丹（杀螟丹）	≥21	扑虱灵	≥11
百菌清（达科宁）	≥7	可杀得（丰护安）	≥3
多菌灵	≥7	甲基托布津（甲基硫菌灵）	≥5
代森锌	≥15	代森锰锌（大生）	≥15
福美双	≥7	托尔克	≥7
异菌脲（扑海因）	≥7	霜霉威（普力克）	≥5
三唑酮（粉锈宁）	≥7	农利灵（乙烯菌核利）	≥21
杀毒矾	≥5	腐霉利（速克灵）	≥15
甲霜灵（瑞毒霉、雷多米尔）	≥7	霜脲氰·锰锌（克露）	≥7，十字花科≥21
甲霜灵·锰锌	≥2	加瑞农（春雷氧氯铜）	≥7
乙磷铝	≥15	琥胶肥酸铜（DT）	≥3
施保功	≥10	苯醚甲环唑（世高）	≥10
井冈霉素	≥14	多抗霉素	≥7
春雷霉素	≥7	宁南霉素	≥14

提　示　板

　　无公害黄瓜生产中应严格执行农药的安全间隔期，避免"吃菜中毒"现象的发生。对于盛果期需天天采收的黄瓜，可以采用果实套袋法来阻隔农药在果实上的残留。

18. 无公害黄瓜施肥的原则是什么?

当前黄瓜生产中施肥不当的现象普遍存在,主要表现在以下两方面:一是有机肥用量不足。由于化肥速效性明显,省工省力,大部分菜农只重视化肥的施用,却忽视了有机肥的投入,造成土壤有机质含量下降,不仅影响了土壤的养分供应和蔬菜的养分吸收,而且还造成菜田地力的下降与破坏。二是化肥施用过量,氮、磷、钾三要素比例失调。在有机肥施用量减少的同时,又往往偏施氮素化肥,不重视磷、钾肥的施用,由于黄瓜对钾的吸收量较大,施用补充很少,结果形成氮过剩、磷富集、钾不足的养分不平衡状态。上述两方面原因,造成菜田土壤有机质含量降低,物理性状变劣,团粒结构受破坏,土壤缓冲性降低,土壤酸化、次生盐渍化(土壤的盐分含量逐年上升)现象日益加剧,菜体内硝酸盐含量迅速积累,影响了蔬菜的质量和产量。

因此,无公害黄瓜生产需遵循以下施肥原则:在肥料种类的选择上,应以有机肥为主,无机肥料为辅,提倡施用生物肥料;施用化肥时以多元复合肥为主,单元素肥料为辅。在施肥方法上,以施基肥为主,追肥为辅。同时应根据黄瓜的需肥规律、土壤供肥情况和肥料效应,实行平衡施肥,最大程度地保持农田土壤养分平衡和土壤肥力的提高,减少肥料成分的过分流失对农产品和环境造成的污染。

提 示 板

黄瓜生产中,由于施肥不当,可造成土壤性质恶化,作物生长不良,产量降低,同时对产品品质也有较大的影响,如营养物质含量下降,硝酸盐等有害物质在菜体内残留量过高等。因此,合理施肥与科学用药同样是无公害黄瓜生产的重要措施。

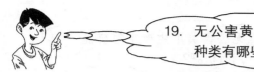

19. 无公害黄瓜生产常用肥料种类有哪些?

（1）有机肥 就地取材、就地使用的各种有机肥料，包括堆肥、沤肥、厩肥、沼气肥、绿肥、作物秸秆肥、饼肥、泥肥和腐殖酸类肥料等。

（2）生物菌肥 也称微生物接种剂，它是一种含有大量微生物活细胞，对土壤矿物和有机物等物质具有较强的降解和转化能力，并使养分有效性提高的微生物制品。目前应用的生物菌肥主要有固氮、解磷、解钾、发酵分解有机物的作用，无毒无害、不污染环境，用于蔬菜作物上，不仅能大幅度提高产量，改善品质，而且能够逐步消除化肥污染，为无公害生产创造了条件。根据菌肥中有效微生物的特定功能可分为根瘤菌肥、固氮菌肥、解磷菌肥、解钾菌肥、抗生菌肥、复合微生物肥、光合细菌肥、酵素菌肥等。

（3）化学肥料 根据不同化肥所含营养元素不同，可分为氮肥类（如碳酸氢铵、尿素、硫酸铵等）、磷肥类（如过磷酸钙、磷矿粉、钙镁磷肥等）、钾肥类（如硫酸钾、氯化钾等）、复合（混）肥料（如磷酸二铵、磷酸二氢钾、氮磷钾复合肥、配方肥等）和微量元素肥（如硫酸锌、硫酸锰、硫酸亚铁、硼砂、硼酸、钼酸铵等）等五大类。

（4）其他肥料 不含有毒物质的食品、纺织工业的有机副产品，以及骨粉、骨胶废渣、氨基酸残渣、家畜家禽加工废料、糖厂废料等。

提 示 板

有机肥为缓效性肥料，化肥为速效性肥料，生物菌肥可扩大和加强作物根际有益微生物的活动，改善作物营养条件，是一种辅助性肥料。根据黄瓜生长需求，各类肥料进行合理配合施用，有助于提高产量，改善品质。

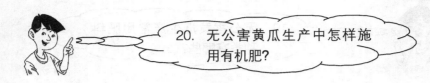

20. 无公害黄瓜生产中怎样施
用有机肥?

增施有机肥可降低蔬菜体内硝酸盐的含量，这是由于有机肥通过生物降解有机质，养分释放慢，有利于蔬菜对养分的吸收；同时，有机质促进了土壤反硝化过程，减少了土壤中硝态氮浓度。有机肥主要作基肥施用，施用时应注意以下以点：

（1）无论何种原料的有机肥，施用前必须经高温发酵，使之达到无害化卫生标准，具体指标见表5、表6。有机肥料，原则上就地生产、就地使用，外来有机肥应确认符合要求后才能使用。商品肥料及新型肥料必须通过国家有关部门的登记认证及生产许可。

表5 高温堆肥卫生标准

序号	项　目	卫生标准及要求
1	堆肥温度	最高堆温达 50～55℃，持续 5～7 天
2	蛔虫卵死亡率	95％～100％
3	粪大肠菌值	$10^{-2}～10^{-1}$
4	苍蝇	有效地控制苍蝇孳生，肥堆周围没有活的蛆、蛹或新羽化的成蝇

表6 堆肥腐熟度的鉴别指标

项　目	鉴　别　标　准
颜色气味	堆肥的秸秆变成褐色或黑褐色，有黑色汁液，有氨臭味，铵态氮含量显著增高（用铵试纸速测）
秸秆硬度	用手握堆肥，湿时柔软，有弹性；干时很脆，容易破碎，有机质失去弹性

（续）

项　目	鉴　别　标　准
堆肥浸出液	取腐熟的堆肥加清水搅拌后（肥水比例一般 1：5～10），放置 3～5 分钟，堆肥浸出液颜色呈淡黄色
堆肥体积	腐熟的堆肥，肥堆的体积比刚堆肥时塌陷 1/3～1/2
碳氮比（C/N）	一般为 20～30：1（其中六碳糖含量在 12% 以下）
腐殖化系数	30% 左右

（2）城市生活垃圾作肥料施用必须要经过无害化处理，质量达到国家标准后才能使用（表 7）。每年每 667 米² 农田限制用量，黏性土壤不超过 3 000 千克，沙性土壤不超过 2 000 千克。禁止使用有害的城市垃圾和污泥，医院的粪便垃圾和含有有害物质如病原微生物、重金属等的工业垃圾，一律不得直接收集用作肥料。

表 7　城镇垃圾农用控制标准

编号	项　目	标准限值
1	杂物（%）	<3
2	粒度（毫米）	<12
3	蛔虫卵死亡率（%）	95～100
4	大肠菌值	10^{-2}～10^{-1}
5	总镉（以镉计）（毫克/千克）	<3
6	总汞（以汞计）（毫克/千克）	<5
7	总铅（以铅计）（毫克/千克）	<100
8	总铬（以铬计）（毫克/千克）	<300
9	总砷（以砷计）（毫克/千克）	<30
10	有机质（以碳计）（%）	>10
11	总氮（以氮计）（%）	>0.5

（续）

编号	项　目	标准限值
12	总磷（以五氧化二磷计）（%）	＞0.3
13	总钾（以氧化钾计）（%）	＞1.0
14	pH	6.5～8.5
15	水分（%）	25～35

（3）秸秆还田可根据具体蔬菜对象选用堆沤（堆肥、沤肥、沼气肥）还田、过腹还田（牛、马、猪等牲畜粪尿）、直接翻压还田或覆盖还田等多种形式。秸秆直接翻入土中，一定要和土壤充分混合，注意不要产生根系架空现象，并加入含氮丰富的人畜粪尿调节碳氮比，以利秸秆分解。还允许用少量氮素化肥调节碳氮比。秸秆烧灰还田方法只有在病虫害发生严重的地块采用较为适宜，应当尽量避免盲目放火烧灰的做法。

（4）栽培绿肥最好在盛花期翻压（如因茬口关系也可适当提前），翻压深度为 15 厘米左右，盖土要严，翻后耙匀。一般情况下，压青后 20～30 天才能进行播种或栽苗。

（5）腐熟达到无害化要求的沼气肥水（表 8）及腐熟的人粪尿可用作追肥。严禁在蔬菜上使用未充分腐熟的人粪尿，更禁止将人粪尿直接浇在（或随水灌在）绿叶菜类蔬菜上。

（6）饼肥对水果、蔬菜等品质有较好的作用，腐熟的饼肥可适当多用。

表 8　沼气发酵卫生标准

编号	项　目	卫生标准及要求
1	密封贮存期	30 天以上
2	高温沼气发酵温度	(53±2)℃，持续 2 天
3	寄生虫卵沉降率	95% 以上

（续）

编号	项　目	卫生标准及要求
4	血吸虫卵和钩虫卵	在使用粪液中不得检出活的血吸虫卵和钩虫卵
5	粪大肠菌值	普通沼气发酵 10^{-4}，高温沼气发酵 $10^{-2}\sim10^{-1}$
6	蚊子苍蝇	有效地控制蚊蝇孳生，粪液中无孑孓，池的周围无活的蛆、蛹或新羽化的成蝇
7	沼气池残渣	经无害化处理后方可用作农肥

提　示　板

　　黄瓜生产中增施有机肥不仅能改良土壤，同时也可以改善产品的品质。但有机肥施用前必须进行无害化处理，并遵循一定的施用原则，否则易引起病虫的孳生，或直接对蔬菜产品造成污染。

21. 无公害黄瓜生产怎样使用生物菌肥？

　　施用生物菌肥不仅能够培肥地力，改良土壤，同时能减少病虫害的发生，降低蔬菜产品中硝酸盐的含量，因此，无公害黄瓜生产提倡施用生物菌肥。生物菌肥可用于拌种、浸种、蘸根、混播，还可在播种前或定植前单独或与其他肥料一起施入，也可在作物生长发育期间采用条/沟施、灌根、喷施等方式补充施用。无论采用哪种方式，使用前应严格按照说明书的要求操作。生物菌肥只在进入土壤后才能发挥作用，而且生长繁殖有一定的碳氮要求，因此，生物肥料提倡早施，施用后土壤要保持湿润，与有机肥一起施用效果更佳。

为了确保微生物肥料的使用效果，应用时注意以下几点：

（1）应选择获得国家登记证的菌肥品种，符合国家的质量标准。国家规定微生物肥料菌剂有效活菌数≥2亿/克，大肥有效活菌数≥2 000万/克，而且应该有40％的富余。

（2）应根据需要确定生物菌肥的施用时期、次数及数量，避免盲目施用。

（3）生物菌肥宜配合有机肥施用，也可与适量的化肥配合使用。但应避免与过酸、过碱的肥料、未腐熟的有机肥和农药混合使用。

（4）避免在高温或雨天施用。

（5）菌肥是生物活性肥料，存放时应避免高温、低温或强光照射。菌肥开袋后要及时施用，否则易受杂菌污染而影响其使用效果。存放时间超过有效期的菌肥不宜使用。

提 示 板

生物菌肥既不能代替化肥和有机肥，相反，由于生物肥料本身所含的养分较少，因此如没有施用充足的有机肥和合适的化肥，其效果也不能充分显示出来。因此，施用生物肥料的同时，不能忽视对化肥和有机肥的合理施用。当然，考虑到生物肥料具有固氮或活化土壤养分等特性，适当减少有关化肥的施用量，不仅节约生产成本，而且对改善作物品质、防止环境污染等也是十分必要的。

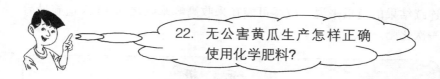

22. 无公害黄瓜生产怎样正确
使用化学肥料?

（1）正确选择化肥种类 既应考虑养分含量，又应选用杂质尤其是重金属及有毒物质含量少、纯度高的肥料，还要根据土壤情况尽可能选用不致使土壤酸化的肥料。要重视氮、磷、钾肥的配合使用，偏施氮肥可使蔬菜体内的硝酸盐含量提高2~5倍。

（2）严格控制化肥用量 生产中应避免盲目超量施用化肥，一般情况下，每667米²一次性施入化肥不超过25千克，尤其要限制氮素化肥的用量。不同种类的蔬菜体内积累硝酸盐的能力大小为：叶菜类＞根茎菜类＞花（果）菜类。黄瓜一个生育期氮肥的施用量为每667米²20千克纯氮。并且建议施入总氮量的50％为有机氮，50％为无机氮。

（3）采用科学的施肥方法 坚持基肥与追肥相结合。黄瓜施肥应以"攻头控尾"、"重基肥轻追肥"的施氮技术模式为主，70％氮肥、有机肥、磷钾肥作基肥，30％氮素作追肥，这样有利于后期制约菜体内硝酸盐的累积。化肥要早施、深施，一般铵态氮施于6厘米以下土层，尿素施于10厘米以下土层，以减少氮素挥发。追肥要结合浇水进行。化肥必须与有机肥配合施用，有机氮与无机氮比例为1：1为宜，例如，施优质厩肥1 000千克加尿素10千克（厩肥作基肥，尿素可作基肥和追肥用）。化肥也可与有机肥、复合微生物肥配合施用，厩肥1 000千克，加尿素5~10千克或磷酸二铵20千克，复合微生物肥料60千克（厩肥作基肥，尿素、磷酸二氢铵和微生物肥料作基肥和追肥用）。

（4）执行施肥的安全间隔期 蔬菜最后一次追施氮肥后，至产品采收上市必须有一段安全间隔期。根据试验：蔬菜施用氮肥后的第2天，菜体内硝酸盐的含量最高，以后随着时间的推移逐渐减少。对于连续结果的黄瓜来说，应尽可能在采收高峰来临之前 15 天追施最后一次化肥。

提 示 板

科学施用化肥包括正确选择肥料的种类、用量、用法和施用时期，一方面减少菜体内的硝酸盐含量，同时也减轻超量施入化肥造成的土壤板结、酸化和次生盐渍化，对提高蔬菜品质和保证农业可持续发展都具有重要的意义。

23. 常用农家肥、化肥的主要营养成分是什么？

常用农家肥和化肥的主要营养成分含量如表 9 和表 10 所示。

表9 各种有机肥料养分含量

肥料名称	养分（%）			
	有机质	氮	磷	钾
人粪尿	10	0.57	0.13	0.27
猪　粪	15	0.56	0.4	0.44
马　粪	21	0.58	0.3	0.24
牛栏粪	20.3	0.34	0.16	0.4
鸡　粪	25.5	1.63	1.54	0.85
鹅　粪	26.2	1.1	1.4	0.62

（续）

肥料名称	养分（%）			
	有机质	氮	磷	钾
羊圈粪	31.8	0.83	0.23	0.67
大豆饼	—	7	1.32	2.13
芝麻饼	—	5	2	1.19
生骨粉	—	4.05	22.8	—
草木灰	—	—	1.13	4.61
土 粪	—	0.12～0.58	0.12～0.68	0.12～0.53
一般堆肥	15.2	0.4～0.5	0.18～0.26	0.45～0.7
一般厩肥	—	0.55	0.26	0.9

表 10　常用化肥有效成分及含量

肥料名称	有效成分及含量（%）			肥料名称	有效成分及含量（%）		
	氮	磷	钾		氮	磷	钾
硫酸铵	20～21	—	—	磷酸钙	—	14～30	—
碳酸氢铵	17	—	—	钙镁磷肥	—	16～18	—
氯化铵	24～25	—	—	硫酸钾	—	—	48～52
尿 素	46	—	—	硝酸钾	—	13～15	45～46
氨 水	15～17	—	—	氯化钾	—	—	50～60
过磷酸钙	—	16～18	—	磷酸二铵	18	46	—

提 示 板

　　有机肥可提供大量有机质，养分齐全，但肥效较低；化肥肥效高，见效快。二者配合施用，可达到优势互补。了解并掌握不同肥料的营养成分含量，是计算作物施肥量，进行测土配方施肥的前提。

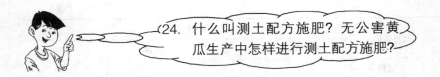

（24. 什么叫测土配方施肥？无公害黄瓜生产中怎样进行测土配方施肥？

测土配方施肥是指根据蔬菜的生育特性、需肥规律、土壤供肥状况以及肥料的种类与养分含量，科学地计算施肥量，并根据不同的栽培方式（如设施栽培与露地栽培）、不同的栽培季节以及土壤、水分等条件灵活掌握。配方施肥法是建立在利用土壤资源生产潜力的基础上，达到产出与投入的养分收支平衡，通过施肥补充土壤当季养分供应的不足，同时充分发挥所施肥料的较高效益。确定施用量一般公式为：

$$施用量 = \frac{作物携出养分量 - 土壤可提供养分量}{肥料养分含量 \times 所施肥料养分利用率}$$

北京市根据多年的研究和调查总结，提出了一系列确定施肥量有关的各种特定的参数和数值，为合理确定蔬菜施肥量提供了切实可行的方法和依据。上述公式中各项数据的来源和计算如下：

（1）作物养分携出量

作物养分携出量（千克）＝单位面积计划产量（吨）×每吨商品菜养分吸收量

（2）土壤可提供养分量

土壤可供养分量（千克）＝土壤速效养分含量（毫克/千克）×
0.15×a×b×c

式中，0.15为转换系数；a为蔬菜土地利用系数，一般为0.8；b为不同季节养分调节系数，春季栽培0.7，秋季栽培1.2，一般1.0；c为土壤速效养分利用系数：土壤速效氮0.6，土壤速效磷0.5，土壤速效钾1.0。

0.15×a×b×c实际为一常数，经计算：

$$\frac{每\ 667\ 米^2\ 土壤}{供氮量（千克）}=\begin{array}{l}春季栽培：土壤碱解氮（毫克/千克）\times 0.050\ 4\\ 秋季栽培：土壤碱解氮（毫克/千克）\times 0.086\ 4\\ 常规栽培：土壤碱解氮（毫克/千克）\times 0.072\end{array}$$

$$\frac{每\ 667\ 米^2\ 土壤}{供磷量（千克）}=\begin{array}{l}春季栽培：土壤速效磷（毫克/千克）\times 0.042\\ 秋季栽培：土壤速效磷（毫克/千克）\times 0.072\\ 常规栽培：土壤速效磷（毫克/千克）\times 0.06\end{array}$$

$$\frac{每\ 667\ 米^2\ 土壤}{供钾量（千克）}=\begin{array}{l}春季栽培：土壤速效钾（毫克/千克）\times 0.084\\ 秋季栽培：土壤速效钾（毫克/千克）\times 0.144\\ 常规栽培：土壤速效钾（毫克/千克）\times 0.12\end{array}$$

（3）增施养分量系数　在土壤养分含量高于作物携出量时，会出现土壤供给养分量超过作物携出量的情况，似乎可以不施肥了。但考虑到蔬菜要求土壤提供养分强度高，为了满足蔬菜短期、速生、产量高的要求和培养地力、持续高产稳产的要求，而提出增施养分量的系数，一般定为相当于携出量的 20%～40%。土壤肥力较高时可少施（×20%），土壤肥力较低时可多施（×40%）。但在土壤供给量超过携出量 1～2 倍以上时，也可以不增施。尤其是磷、钾肥料，如有些高肥力土壤速效磷在 150 毫克/千克以上，速效钾在 250 毫克/千克以上，就没有增施磷、钾肥的必要了。

（4）所施肥料养分利用率　根据试验结果，一般化肥的利用率，氮素化肥 30%～45%，磷素化肥 15%～30%，钾素化肥 15%～40%。有机肥成分复杂，有效养分利用与腐熟程度有关。一般腐熟较好的人粪尿、鸡鸭粪肥氮、磷、钾利用率可达 20%～40%；猪厩肥氮、磷、钾利用率为 15%～30%；土杂肥较为复杂，养分含量及利用率相差很大，氮、磷、钾利用率为 5%～30%。常用有机肥可提供养分量见表 9。

例如，某块菜地中等肥力，于早春测得土壤速效养分：碱解氮 75 毫克/千克，速效磷 80 毫克/千克，速效钾 120 毫克/千克。计划种植春茬黄瓜，预计每 667 米^2 产 5 000 千克。现计算施肥量：

第一步：计算产出 5 000 千克黄瓜所需养分量

每产出黄瓜 1 000 千克需氮 2.734 千克，磷 1.304 千克，钾

3.471 千克，则生产 5 000 千克黄瓜需肥量：

需氮量：2.734 千克×5＝13.67 千克

需磷量：1.304 千克×5＝6.52 千克

需钾量：3.471 千克×5＝17.36 千克

第二步：计算当前生产条件下土壤可提供养分量

氮提供量：土壤碱解氮 75 毫克/千克×0.0504＝3.78 千克

磷提供量：土壤速效磷 80 毫克/千克×0.042＝3.36 千克

钾提供量：土壤速效钾 120 毫克/千克×0.084＝10.08 千克

第三步：计算减去土壤可提供养分量，黄瓜生长期应施入养分量

应施氮量：13.67 千克－3.78 千克＝9.89 千克

应施磷量：6.52 千克－3.36 千克＝3.16 千克

应施钾量：17.36 千克－10.08 千克＝7.28 千克

在高品质蔬菜生产中，应首先考虑使用有机肥，不足部分可用无机化肥来补充。在本例中，如每 667 米² 菜田施入 3 000 千克猪粪，则 3 000 千克猪粪可提供的养分为（猪粪所含氮 0.56%，含磷 0.4%，含钾 0.44%，利用率均为 20%）：

氮＝3 000 千克×0.56%×20%＝3.36 千克

磷＝3 000 千克×0.4%×20%＝2.4 千克

钾＝3 000 千克×0.44%×20%＝2.64 千克

减去 3 000 千克猪粪所提供的养分，产出 5 000 千克黄瓜生育期还需通过化肥补充养分如下：

补充纯氮＝9.89 千克－3.36 千克＝6.53 千克

补充纯磷＝3.16 千克－2.4 千克＝0.76 千克

补充纯钾＝7.28 千克－2.64 千克＝4.64 千克

如果化肥选用尿素、过磷酸钙和硫酸钾，尿素的含氮量为 46%，利用率为 34%；过磷酸钙的含磷量为 16%，利用率 20%；硫酸钾含钾量为 50%，利用率 30%。则三种化肥的具体用量为：

需施用尿素＝6.53 千克÷（0.46×0.35）＝40.56 千克

需施用过磷酸钙＝0.76 千克÷（0.16×0.2）＝23.75 千克

需施用硫酸钾＝4.64 千克÷（0.5×0.3）＝30.93 千克

提　示　板

　　这种施肥量计算方法简单易行，有了各种数据就可以计算，较易在生产上推广应用。但要结合不同蔬菜生产的特点、种植土壤的肥力特性和蔬菜作物本身的需肥特性，还要考虑蔬菜商品价格等因素。

25. 无公害黄瓜产品的商品质量和包装贮运有什么要求？

　　根据 NY 5074—2002《无公害食品　黄瓜》规定，无公害黄瓜产品的商品质量要求包括：

　　（1）感官要求　同一品种或相似品种，长短和粗细基本均匀，无明显缺陷（缺陷包括机械伤、腐烂、异味、冻害和病虫害）。

　　（2）卫生要求　卫生要求应符合表 11 的规定。

表 11　无公害食品黄瓜卫生要求

序号	项　目	指标（毫克/千克）
1	敌敌畏（dichlorvos）	≤0.2
2	乐果（dimethoate）	≤1
3	乙酰甲胺磷（acephate）	≤0.2
4	氯氰菊酯（cypermethrin）	≤0.5
5	氰戊菊酯（fenvalerate）	≤0.2
6	抗蚜威（pirimicarb）	≤1

（续）

序号	项　　目	指标（毫克/千克）
7	百菌清（chlorothalonil）	≤1
8	三唑酮（triadimefon）	≤0.2
9	铅（以 Pb 计）	≤0.2
10	镉（以 Cd 计）	≤0.05
11	亚硝酸盐（以 $NaNO_2$ 计）	≤4

　　注：根据《中华人民共和国农药管理条例》，剧毒和高毒农药不得在蔬菜生产中使用。

　　无公害黄瓜对于包装贮运的要求如下：

　　（1）包装

　　①用于黄瓜的包装容器应整洁、干燥、牢固、透气、无污染、无异味、内壁无尖突物，纸箱无受潮、离层现象。塑料箱应符合 GB/T 8868 的要求。

　　②每批黄瓜所用的包装、单位净含量应一致。

　　③包装检验规则：逐件称量抽取的样品，每件的净含量不应低于包装外标志的净含量。

　　④包装上的标志和标签应标明产品名称、生产者、产地、净含量和采收日期等，字迹应清晰、完整、准确。

　　（2）运输

　　①黄瓜收获后应就地整修，及时包装、运输。

　　②运输时，应做到轻装、轻卸，严防机械损伤，应防热、防冻、防雨淋。运输工具应清洁、卫生。

　　（3）贮存

　　①临时贮存应在阴凉、通风、清洁、卫生的条件下，严防曝晒、雨淋、高温、冷冻、病虫害及有毒物质的污染。堆码时须轻卸、轻装，严防挤压碰撞。

　　②冷藏时堆码应小心谨慎，严防果实损伤，堆码方式须保证气流

能均匀地通过垛堆。

③贮存库中温度宜保持在 10 ～ 13℃，空气相对湿度在 90％～95％。

④贮存库应有通风换气装置，确保温度和相对湿度的稳定与均匀。

提　示　板

无公害黄瓜的商品质量包括内在质量和外在质量，即外观商品性好，农药、重金属及硝酸盐等有害物质的残留低于国家规定的标准。

无公害黄瓜对于采后处理和包装贮运都有一定的要求，并要求在包装上标明产品名称、生产者、产地、净含量和采收日期等。

26. 无公害蔬菜怎样认证和管理?

根据《无公害农产品管理办法》的规定，申请无公害农产品认证的单位或者个人，应当向认证机构提交书面申请，书面申请应当包括以下内容：①申请人的姓名（名称）、地址、电话号码；②产品品种、产地的区域范围和生产规模；③无公害农产品生产计划；④产地环境说明；⑤无公害农产品质量控制措施；⑥有关专业技术和管理人员的资质证明材料；⑦保证无公害农产品的产地认定证书；⑧生产过程记录档案；⑨认证机构要求提交的其他材料。

认证机构自收到无公害农产品认证申请之日起，应当在 15 个工作日内完成对申请材料的审核。符合要求的，认证机构可以根据需要派员对产地环境、区域范围、生产规模、质量控制措施、生产计划、标准和规范的执行情况等进行现场检查。材料审核符合要求的，或者材料审核和现场检查符合要求的（限于需要对现场进行检查时），认证机构应当通知申请人委托具有资质资格的检测机构对产品进行检测。承担产品检测任务机构，根据检测结果出具产品检测报告。认证机构对材料审核、现场检查（限于需要对现场进行检查时）和产品检测结果符合要求的，应当在自收到现场检查报告和产品检测报告之日起，30个工作日内颁发无公害农产品认证证书。上述审核检查过程中，对于不符合要求的，应当书面通知申请人。

无公害农产品认证证书有效期为3年。期满需要继续使用的，应当在有效期满90日前按照本办法规定的无公害农产品认证程序重新办理。在有效期内生产无公害农产品认证证书以外的产品品种的，应当向原无公害农产品认证机构申请办理认证证书的变更手续。

提 示 板

获得无公害农产品认证证书的单位或者个人，可以在证书规定的产品、包装、标签、广告、说明书上使用无公害农产品标志。获得无公害农产品认证并加贴标志的产品，经检查、检测、鉴定，不符合无公害农产品质量标准要求的，由县级以上农业行政主管或者各地质量监督检验检疫部门责令停止使用无公害农产品标志，由认证机构暂停或者撤销认证证书。

第二部分　保护地设施

27. 无公害黄瓜周年生产中怎样利用小拱棚?

　　塑料小拱棚是全国各地应用最普遍、面积最大的保护地设施。具有便于取材、建造容易，投资少、见效快，适于黄瓜育苗及早春定植后的短期覆盖。

　　(1) 小拱棚的规格结构　跨度 1～2 米，高 0.6～1.0 米，长 8～10 米，每个小拱棚可覆盖两个畦或 4 垄作物。小拱棚骨架可用细竹竿或竹片、槐条或钢筋弯成拱形，两端插入土中，拱杆间距 0.6～0.7 米，覆盖普通聚乙烯或聚氯乙烯薄膜，四周埋入土中踩实。1 米跨度的小拱棚多用细竹竿作拱杆，2 米跨度小拱棚用竹片作拱杆，为了提高稳固性，在中部设一道横梁，每隔 2～3 米设一立柱支撑。

　　(2) 小拱棚的性能　小拱棚空间小，晴天升温特别快，夜间降温也快，受外界低温影响强烈，只适于短期覆盖栽培。小拱棚覆盖普通聚乙烯薄膜或聚氯乙烯薄膜，内表面布满水滴，在高温条件下，即使放风不及时也不易烧伤秧苗。

　　(3) 小拱棚的管理　小拱棚早春育苗或短期覆盖栽培，因四周受外界的影响，棚内不论地温和气温，都是中间高两侧低。早春不论育苗或早熟栽培，表现为中间徒长，两侧植株矮小，特别是 1 米宽的小拱棚表现尤为突出。要想小拱棚覆盖的秧苗整齐，有效措施是放顶风。方法是用两幅薄膜烙合。烙合时每米留出 30 厘米不烙合，放顶风时用 30 厘米长的高粱秸，把未烙合处支起呈菱形通风口。

为了放风和闭风方便，薄膜四周不埋入土中，用高粱秸或细竹竿卷入

图 3　小拱棚覆盖双幅薄膜示意图

薄膜底边，用 8# 铁丝上端弯成小结，长 30 厘米左右，卡住薄膜卷，40 厘米间距插入土中，固定薄膜。放底风时拔出 8# 铁丝，支起薄膜卷，闭风后重新插回。见图 3。

提　示　板

小拱棚放顶风后，棚内温度发生较大变化。主要表现为温度稳定，并且棚内温度始终均匀一致，不论育苗或短期覆盖栽培的秧苗，都非常整齐，不存在中部高、两侧低矮的现象，另外管理也方便。后期随着气温的升高和植株的生长，需及时撤除小拱棚。

28.　塑料大棚有哪些类型？

名家解答

塑料大棚一般占地 300 米^2 以上，高 2～3 米，宽 8～15 米，长 30～60 米。与日光温室相比，具有结构简单，造价低，有效栽培面积大，土地利用率高，作业方便等优点；与露地、小拱棚比，保温性

能好，具有可提早、延晚进行蔬菜栽培，容易获得高产等优点。但是，大棚没有外保温设备，受外界影响较大，提早、延晚受当地气候条件限制。

根据取材不同，塑料大棚可分为几下几种类型：

（1）竹木结构大棚　竹木结构大棚一般跨度 12～14 米，高2.2～2.4 米，长 50～60 米。通常以直径 3～6 厘米的竹竿作拱杆，拱杆间距 1 米，6 排立柱支撑，柱间距 2～3 米，棚面呈拱圆形，两边立柱向外倾斜 60°～70°，以增加支撑力。立柱顶部 20 厘米处用拉杆纵向连接。扣膜后两个拱架之间用 8 号铁丝作压膜线。为减少立柱，可改每排拱架设 6 根立柱为每 3～5 排拱杆设 6 根立柱，不设立柱的拱杆在拱杆与拉杆之间设小吊柱支撑。为防止立柱腐烂，现多用水泥预制柱代替木杆作立柱，用钢丝绳作拉筋。悬梁吊柱大棚与多柱大棚的棚面形状、结构基本相同，不同处是减少了 2/3～4/5 立柱，减少了遮光部分，又便于作业。如图 4。

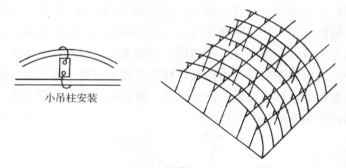

小吊柱安装

图 4　竹木结构悬梁吊柱大棚示意图

（2）钢架无柱大棚　钢架无柱大棚一般跨度 8～12 米，高度2.5～3.0 米，拱架间距 1 米。拱架是用钢筋、钢管或两者焊接而成的平面桁架。拱架上弦用 $\phi16$ 钢筋或 6 分钢管，下弦用 $\phi12$ 钢筋，腹杆用 $\phi10$ 钢筋。拱架底脚焊接在地梁上，也可直接插入土中。下弦处用 $\phi14$ 钢筋作拉杆，将拱架连成整体。为了节省钢材，每 3 米设一带下弦的拱架，中间用 6 分镀锌钢管作拱杆，用两根 $\phi10$ 钢筋作斜撑，钢筋上端焊接在

6分镀锌管上，下端焊接在纵向拉筋上。这种大棚骨架坚固耐用，遮光部分少，作业方便，可增设天幕或扣小拱棚保温防寒。如图5。

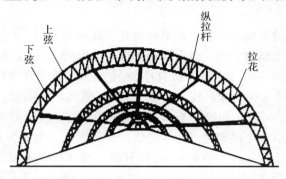

图 5 钢架无柱大棚示意图

（3）装配式镀锌钢管大棚 钢管装配式大棚具有一定的规格标准，一般跨度6～8米，高度2.5～3.0米，长20～60米。拱架是用两根薄壁镀锌钢管对接弯曲而成，拱架间距50～60厘米，纵向用薄壁镀锌钢管连接。骨架所有连接处都是用特制卡具固定连接。这种大棚除具有重量轻、强度好、耐锈蚀、中间无柱、采光好、作业方便等优点外，还可根据需要自由拆装，移动位置，改善土壤环境，同时其结构规范标准，可大批量工厂化生产。缺点是造价高。钢管组装式大棚的结构如图 6。

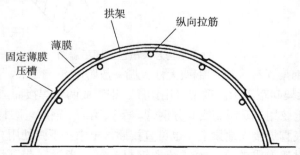

图 6 钢管组装式大棚结构示意图

（4）钢竹混合结构 每隔 3 米左右设一平面钢筋拱架，用钢筋或钢管作为纵向拉杆，将拱架连成一体。在拉杆上每隔 1 米焊一短的立柱，采取悬梁吊柱结构形式，安放 1～2 根粗竹竿作拱架，建成无立柱或少立柱结构大棚。此类大棚为竹木结构大棚和钢架结构大棚的中间类型，用钢量少，棚内无柱，既可降低建造成本，又可改善作业条件，避免支柱遮光，是一种较为实用的结构类型。

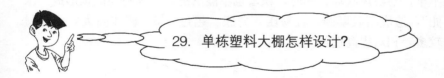

提 示 板

不同类型的塑料大棚各有其优缺点，竹木结构的大棚造价低，但立柱较多，不便于作业，而且需要年年维护；钢架结构的大棚使用方便，使用年限长，但一次性投资较大。钢竹混合结构的大棚性能和造价介于二者之间。各地可因地制宜，根据生产条件选用不同类型的大棚，以获取较高的经济效益。

29. 单栋塑料大棚怎样设计？

（1）确定方位和面积 大棚多为南北延长，也有东西延长的。东西延长大棚采光量大，增温快，并且保温性也比较好，春季提早栽培的温光条件优于南北延长的大棚，但容易遭受风害，大棚较宽时，南北两侧的光照差异也比较大。南北延长的大棚，早春升温稍慢，早熟性差一些，但大棚的防风性能好，棚内地面的光照分布也较为均匀，有利于保持整个大棚内的蔬菜整齐生长。大棚应尽量避免斜向建造，以便于运输和灌溉。单栋大棚的面积以 330～667 米^2 为宜，不超过 1 000 米^2。

（2）确定跨度和长度　塑料大棚的跨度多为 8～15 米。跨度太大通风换气不良，并增加了设计和建棚的难度。大棚内两侧土壤与棚外只隔一层薄膜，由于热量的地中横向传导，使两侧各有 1 米宽左右的低温带。大棚跨度越小，低温面积比例越大，所以北方冻土层较厚的地区，棚的边缘影响大，大棚跨度较大；南方因为温度不是很低，跨度较小，棚面弧度较大，有利于排水。一般黄淮地区多为 6～8 米，北京地区 8～10 米，东北地区 10～12 米。大棚长度以 30～60 米为宜，太长运输管理不便。大棚的长宽比与稳定性有密切关系。大棚的面积相同，周边越长（即薄膜埋入土中的长度越大），大棚的稳定性就越好。通常认为长宽比等于或大于 5 比较适宜。

（3）确定高度和高跨比　大棚高度以 2.2～2.8 米为宜，不超过3 米。棚越高，承受的风荷载越大，越易损坏。

大棚高跨比即大棚的矢高与跨度的比值（f/l），落地拱和柱支拱的高跨比计算方法如图 7 所示。高跨比的大小影响拱架强度。大棚的高跨比以 0.25～0.3 为宜。低于 0.25 则棚面平坦，薄膜绷不紧，压不牢，易被风吹坏；同时，积雪也不能下滑，降雨易在棚顶形成"水兜"，造成超载塌棚，且易压坏薄膜。超过 0.3，棚体高大，需建材较多，相对提高造价。

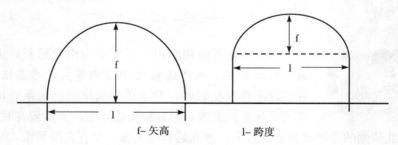

f- 矢高　　l- 跨度

图 7　大棚高跨比的计算方法

（4）确定拱架间距　两排拱架间距越小，棚膜越易压紧，抗风能力越强。但间距过小，会造成竹木大棚内立柱过多，增加了遮阴面积，不利于作业，钢架大棚浪费钢材；拱架间距过宽，会降低抗风雪能力。薄膜有一定的延展性，一般为 10% 左右，拉得过紧或过松，都会缩短棚膜的使用期，因此要有适当的间距。一般以 1～1.2 米为宜，竹木结构 1 米为宜，钢架结构 1.2 米。这样的间距不仅有利于保证拱架强度，还有利于在棚内相应做成 1～1.2 米宽的畦，充分利用土地。管架大棚由于没有下弦，强度小，所以拱架间距多在 50～60 厘米之间。

（5）设计棚型　大棚的棚型以流线型落地拱为好，压膜线容易压紧，抗风能力强。但是棚面不应呈半圆形，因为半圆形弧度过大，抗风能力反而下降，特别是钢拱架无柱大棚，其稳固性既取决于材质，也与棚面弧度有关。棚面构型愈接近合理轴线，抗压能力愈强（图 8）。所以设计钢架无柱大棚时，可参照合理轴线公式进行：

$$Y = \frac{4fx}{L^2}(L-x)$$

式中：Y-弧线点高；f-矢高；L-跨度；x-水平距离。

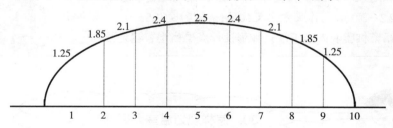

图 8　调整后的流线型大棚棚型示意图

例如，设计一栋跨度 10 米，矢高 2.5 米的钢架无柱大棚，首先划一条 10 米长的直线，从 0 米至 10 米，每米设一点，利用公式求出 0 米至 9 米各点的高度，把各点的高连接起来即为棚面弧度。代入公式：

$$Y_1 = \frac{4 \times 2.5 \times 1}{10^2} \times (10-1) = 0.9 \text{ 米}$$

$$Y_2 = \frac{4 \times 2.5 \times 2}{10^2} \times (10-2) = 1.6 \text{ 米}$$

$$Y_3 = \frac{4 \times 2.5 \times 3}{10^2} \times (10-3) = 2.1 \text{ 米}$$

$$Y_4 = \frac{4 \times 2.5 \times 4}{10^2} \times (10 - 4) = 2.4 \text{ 米}$$

$$Y_5 = \frac{4 \times 2.5 \times 5}{10^2} \times (10 - 5) = 2.5 \text{ 米}$$

依据以上公式可依次求出 Y_6 为 2.4 米，Y_7 为 2.1 米，Y_8 为 1.6 米，Y_9 为 0.9 米。这样棚面弧度稳固性好，但是两侧比较低矮，不利于高棵作物的栽培和人工作业，因此需要在计算结果的基础上进行调整。调整的方法是对 1 米处和 9 米处的高度进行调整，取 Y_1 和 Y_2 的平均值 1.25 米，同样，取 Y_2 和 Y_3 的平均值，将 2 米和 8 米处提高到 1.85 米。其他各位点保持不变。

提 示 板

塑料大棚宜南北走向，温光均匀；跨度 8~15 米，兼顾通风和保温；长度 30~60 米，兼顾运输和管理；高度 2.2~3.0 米，作业方便又抗风；高跨比 0.25~0.3，有利于压紧棚膜和雨水下滑；棚形设计成流线型，稳定性高。

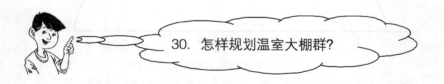

30. 怎样规划温室大棚群？

建造温室大棚群应首先考虑选择场地。大棚生产主要靠太阳辐射能，既是光源，又是热源，因此必须阳光充足。需选择开阔平坦的地块，或坡度小于 10° 的阳坡。大棚南侧没有山峰、树林或高大建筑物遮阴。建造温室大棚的地块要求是质地肥沃、土层厚，有机质含量高的壤土、沙壤土，而且地下水位低，否则地温上升慢，高湿易发病，土壤易发生次生盐渍化。温室大棚生产需要人工灌溉，因此建造大棚的场地要求靠近水源，水量丰富，水质好。园艺设施属轻型结构，不抗强风，避免在风口地带建造，四周设置防风用风障，主要考虑当地季风风向。生产高品质蔬菜的温室大棚必须保证上风头或水源上游没有污染源（如大型工厂、矿山等），此外，还要考虑交通方便，保障用电供应。值得指出的是新填地块和易下沉地块不宜建造温室大棚。

棚群排列因地形、地势和面积大小而有不同，可采取对称、平行或交错排列（图9）。一般两棚东西侧距为1.5~2米，这样便于揭底脚膜放风，避免互相遮光。并挖好排水沟，以便及时排除棚面流下来的雨水。棚头与棚头之间的距离为3~4米，这样便于运输和修灌水渠道。

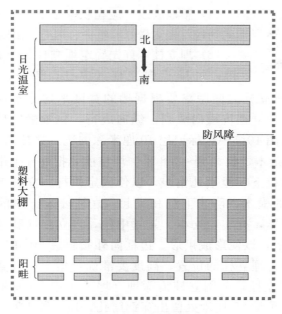

图9　温室大棚群整体规划示意图

提 示 板

温室大棚群选择场地需考虑光、土、风、水、电、污染、地基等几个要素。棚群排列以互不遮光、方便运输为原则，统一规划布局，通常温室要配置在最北边，其次是大棚群，阳畦在最南边。

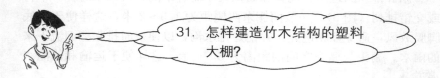

31. 怎样建造竹木结构的塑料大棚？

（1）整地放线　应在秋季土地封冻前进行，建棚的场地首先丈量好，整平、用绳拉出四边。

（2）埋立柱　首先确定埋立柱的位置，共6～8排，每排6根立柱（中柱、腰柱、边柱各两根），同一排立柱之间距离要根据棚的宽度平均分布，纵向每排距离1米，使立柱坑横向成列，纵向成行。位置确定后，用石灰点标记，如图10。根据标记挖40厘米深的坑。立柱用直径为6～7厘米的硬杂木，长2.2～2.8米。埋柱前先把立柱上端锯成三角形豁口，豁口下5厘米处钻眼，以便固定拱杆。立柱下端钉一根长20厘米的横木，防止下沉和拔起。立柱埋入土中的部分涂沥青防腐，埋紧，夯实，立牢。先立中柱，再立腰柱和边柱，依次降低20厘米，以便形成拱形。边柱向外倾斜成70°角，以增加拱架的支撑力。埋立柱的位置、高度要准确，培土后夯实。如用水泥预制柱作立柱，两侧立柱需深埋（埋入土中50厘米）并向外倾斜。立柱顶端25厘米处留出穿钢筋孔，顶端留4厘米缺刻，便于放拱杆。见图11。

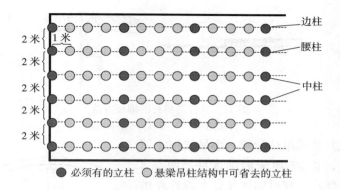

图 10 跨度 12 米的大棚立柱位置示意图

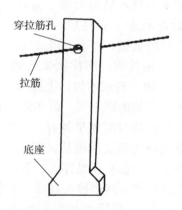

图 11 水泥预制柱

（3）绑拱杆、上拉杆　可用直径 4～5 厘米、长 5～6 米的竹竿，长度不够可用 2～3 根竹竿连接在一起，拱杆架在立柱的豁口里卡住，用铁丝穿过豁口下的孔绑牢（图 12）。拱杆两侧要插入土中 30 厘米深。选直径 5～6 厘米，长 2～3 米的杂木杆，绑在距立柱顶端 25～30 厘米处，使整个棚架连成一体。水泥预制柱则用钢丝绳或钢筋穿过拉筋孔拉紧，作为纵向拉筋。

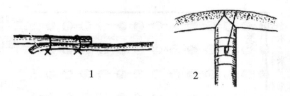

图 12　立柱与拱杆的绑接方法
1. 拱杆绑接法　2. 立柱与拱杆绑接法

（4）悬梁吊柱骨架　小吊柱用 4 厘米直径，长 25 厘米的细木杆，两端 4 厘米处钻孔，穿过细铁丝，上端拧在拱杆上，下端拧在拉杆上，如图 13。悬梁吊柱大棚的规格、结构与竹木结构大棚完全相同，不同之处是减少了立柱后，

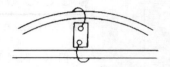

图 13　悬梁吊柱安装示意图

必然加重了拉杆和立柱的负担，需要适当增加立柱和拉杆粗度。

（5）埋地锚　在大棚外侧，两排拱架之间，离棚 0.5 米处，挖 50 厘米深的坑，埋入石块、砖或木棒，上面绑 1 根 8# 铁丝，铁丝拧圈露在外面，把埋入土中的地锚夯实。留在外面的线圈系压膜线。

（6）扣棚膜　早春扣膜时间越早越好，为减少棚内冻土层深度，也可在冬前扣棚。覆盖时先盖底脚围裙，用 1.0～1.1 米宽的两幅棚膜，上边卷入塑料绳烙合，绑在各拱杆上，下边埋入土中。棚顶盖一整块薄膜（长度＝大棚长度＋两个棚头高度＋2 米，宽度＝拱杆弧长－围裙高的 2 倍＋0.6 米）。薄膜剪裁后，由两边向中间卷起，选无风的晴天，把卷起的薄膜放在大棚骨架最高处，向两侧放下，棚头两端拉紧埋入土中踩实，两侧拉紧延过围裙，用压膜线压紧。

（7）安门　大棚覆盖薄膜后，先不安装大棚门，待土壤化冻，开始耕种时再安门。设置骨架时，棚两端已设立了门框，安门时由门框中间把薄膜切开“丁”字形口，把两边卷在门框上，上边卷在上框上，用木条钉住，再安门。

建 667 米² 的竹木结构塑料大棚所需的建造材料详见表 12，竹木结构悬梁吊柱结构大棚用料见表 13。

表 12　竹木结构大棚用料表（667 米²）

材料名称	规格（厘米） （长×直径）	单位	数量	用途	备注
木　杆	280×5	根	112	中　柱	
木　杆	250×5	根	112	腰　柱	
木　杆	190×5	根	112	边　柱	
木　杆	400×4	根	104	拉　杆	
木　杆	25×3	根	336	柱脚横木	
竹　竿	600×4	根	224	拱　杆	
竹　片	400×4	根	114	底脚横杆	截断用
门　框		副	2		
木 板 门		扇	2		
木　杆	400×4	根	30	固定底脚拱杆	防下沉
塑 料 绳		千克	4	绑拱杆	
细 铁 丝	16#	千克	3	绑拱杆	
钉　子	3 吋	千克	4	钉横木	
铁　线	8#	千克	50	压膜线	
聚乙烯薄膜	普通聚乙烯膜	千克	110	覆盖棚面	
红　砖		块	110	拴地锚	

表 13　竹木结构悬梁吊柱大棚用料表（667 米²）

材料名称	规格（厘米） （长×直径）	单位	数量	用途	备注
木　杆	280×6	根	38	中　柱	
木　杆	250×6	根	38	腰　柱	
木　杆	190×6	根	38	边　柱	
木　杆	300×5	根	64	纵向拉杆	
木　杆	25×4	根	114	柱脚横木	稳定立柱
竹　竿	600×4	根	112	拱　杆	
木　杆	20×4	根	222	小吊柱	

（续）

材料名称	规格（厘米） （长×直径）	单位	数量	用途	备注
竹　片	400×4	根	56	底脚横杆	截断用
细铁丝	16#	千克	2	固定拉杆小吊柱	
铁　线	8#	千克	50	压膜线、地锚	
钉　子	3吋	千克	3	钉横木	
塑料绳		千克	4	绑拱杆	
麻　绳		米	120	穿底脚围裙	
薄　膜	聚乙烯0.01毫米厚	千克	100	覆盖棚面	
木　杆	400×4	根	30	底脚固定拱杆	
红　砖	24×11.5×5.3	块	110	拴地锚	
门　框		副	2		
木板门		扇	2		

提　示　板

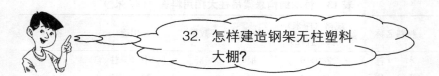

　　竹木结构的大棚取材方便，造价低，农民可自行设计建造，种植蔬菜收益高，目前仍有较大的使用面积。为降低成本，多覆盖普通聚乙烯薄膜，为防止薄膜滴水，可喷施农用薄膜流滴剂。

32. 怎样建造钢架无柱塑料大棚？

　　（1）拱架焊制　以跨度10米，矢高2.5米，长66米的钢管无柱大棚为例。用6分镀锌管作拱杆，按拱架间距离1米计算，需67根，其中有23根需要带下弦的加固桁架，下弦用φ12钢筋，拉花用φ10

钢筋焊成。另外 40 根为单杆拱架，用 ϕ10 钢筋作斜撑。

（2）浇地梁 在大棚两侧浇筑 10 厘米×10 厘米混凝土地梁，在地梁上预埋角钢，以便于焊桁架和拱杆。在每两根拱杆中间的地梁角钢上，焊上 ϕ5.5 的钢筋，以便于栓压膜线。

（3）安装拱架 将已焊接好的桁架和拱杆立起，焊接在两侧地梁的预埋角钢上。再用 4 分镀锌管 5 道作拉筋，焊在桁架下弦上，均匀分布，并在拱架下用 ϕ10 钢筋作斜撑焊在拉筋上。否则平面桁架或单杆拱架易失去平衡，遇大风天气，易被吹歪倒塌，如图 14。

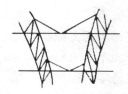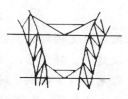

图 14 斜撑安装形式

建 667 米² 的钢架无柱大棚所需的建造材料详见表 14。

表 14 钢架无柱大棚用料表（667 米²）

名 称	规 格	单 位	数 量	用 途
钢 管	4 分×12.5 米	根	16	桁架上弦
钢 管	4 分×12.5 米	根	51	拱 杆
钢 筋	ϕ12×12.0 米	根	16	桁架下弦
钢 筋	ϕ10×13.0 米	根	16	拉 花
钢 管	4 分×66 米	根	5	拉 筋
钢 筋	ϕ12×0.35 米	根	525	斜 撑
钢 筋	ϕ8×66 米	根	4	地梁筋
钢 筋	ϕ5×0.4 米	根	132	箍 筋
水 泥	325#	吨	0.5	浇 地 梁
砂 子		米³	1	浇 地 梁
碎 石	2～3 厘米	米³	2	浇 地 梁

（续）

名　称	规　格	单　位	数　量	用　途
塑料薄膜		千克	130	覆盖棚面
铁　线	8#	千克	50	压膜线
门　框		副	2	
门		扇	2	
细铁丝		千克	3	绑　线

提 示 板

　　与竹木结构的大棚相比，钢架结构的大棚性能优越，一次建造，可连续使用十几年。为防止棚架锈蚀，每两年应重新刷一遍防锈漆。棚膜覆盖和安门的方法可参照竹木结构大棚。

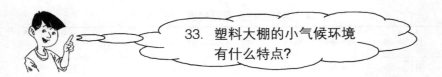

33. 塑料大棚的小气候环境有什么特点？

　　（1）光照　塑料大棚是全透明设施，其见光时间完全与露地相同，但由于骨架和棚膜遮光，棚内的光照度始终低于露地。竹木结构大棚，建材截面大、立柱多，遮阴面积大，所以棚内光照度较低。此外，大棚内光照度随季节和天气的变化而变化，外界光照强的季节棚内光照也强；晴天光照强，而阴天棚内光照弱。

　　低温弱光季节，以提高透光率、增加光照度为主，最根本的措施是设计合理的棚型，选用刚性强的材料，在保证大棚骨架稳定的前提下，尽量减少立柱。其次，选用无滴膜可改善透光条件。进入夏季高温强光期，最好在棚面上覆盖遮阳网，减少透光率，防止高温、强光的危害。

（2）温度　棚内气温日变化规律与露地基本相似，日出后随太阳升高温度随之上升，棚内最高气温出现在 13 时，比露地稍早，14 时以后气温下降，最低气温出现在凌晨。大棚气温的日变化比露地强烈，日较差比露地大，特别是 3～9 月份日较差超过 20℃。夜间，大棚内气流活动减弱，棚四周处的气温比中部低，一旦出现冻害，边沿一带最先受害。

大棚内的地温随季节变化而变化，早春 10 厘米土温比露地高5～10℃；4～5 月份大棚内外地温差异不大；6～9 月份，由于棚内光照度低于露地，再加上作物的遮阴，使棚内地温甚至低于外界地温，对作物生长有利；进入 10 月份以后，棚内地温明显高于外界地温，有利于蔬菜作物的秋延后生产。棚内地温的日变化与气温基本一致，上午 5 厘米地温往往低于气温，傍晚高于气温，浅层地温高于气温的时间能维持到日出。凌晨，气温达最低值，这时地温比气温高，所以对作物的生育有利。

早春主要是提高气温、地温和防寒保温，具体措施是覆盖地膜、扣小拱棚，遇到灾害性天气，在大棚外四周覆盖草苫。棚内温度高时可通风降温，炎热夏季覆盖遮阳网，通过遮阴降低温度。

（3）湿度　大棚内空气湿度高于露地。早春黄瓜生产，为了提高温度，放风量很小，水汽在棚内积累，形成了高湿环境。大棚内空气湿度夜间一般可达 90％以上，白天多在 60％～80％。棚内相对湿度的变化与温度相反，随着温度的升高，相对湿度下降，最低值一般出现在 13～14 时；夜间随着温度的下降湿度升高，最高值出现在凌晨。大棚内土壤湿度主要取决于灌水量、灌水次数以及作物的耗水量。大棚内灌水量较大，土壤湿度高于露地，棚膜内表面凝结的水滴不断向地面滴落，浅土层湿度偏高，而且滴水位置固定，所以局部特别潮湿泥泞，但下层土壤水分不一定充足。

调节空气湿度主要是覆盖地膜，减少土壤水分蒸发；浇水后进行通风换气；早春外界温度低、通风量很小时，应尽量减少灌水量；进入夏季放风量大，主要靠浇水调节土壤湿度。

提 示 板

  与露地相比，塑料大棚的小气候特点是光照弱、温度高、湿度大，低温季节生产可通过减少遮阴、使用无滴膜、多层覆盖、覆盖地膜等措施来增光、保温、降湿。高温季节生产则需覆盖遮阳网、通风等措施来降低温度。

34. 日光温室有哪些主要类型？

  日光温室从前屋面的构型来分，主要有一斜一立式和半拱形两种类型。一斜一立式温室跨度 7～8 米，脊高 2.5～3.1 米，后屋面水平投影 1.2～1.5 米，前立窗高 0.6～0.8 米，前屋面采光角 18°～23°，长度多为 60～80 米，如图 15。半拱式温室跨度、高度、长度与一斜一立式温室基本相同，主要区别是前屋面的构形为半拱圆形。这种温室采光性能良好，而且屋面薄膜容易被压膜线压紧，抗风能力强，见图 16。

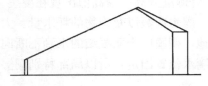

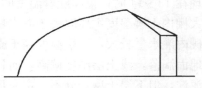

图 15 一斜一立式日光温室示意图 图 16 半拱形日光温室示意图

日光温室按建造材料来划分，主要有竹木结构（土墙、土后屋面）、钢架结构（砖墙、永久式后屋面）和混合结构（竹木结构改木杆立柱为水泥预制柱或钢竹混合结构）三种类型。竹木结构温室应用普遍，主要优点是造价低，建造容易，可就地取材，保温效果也比较好；缺点是每年需要维修，立柱多，拱杆截面大，遮光部分多，作业不方便，也不便于多层覆盖。钢管无柱日光温室，一次建成多年使用，采光好，作业方便，是日光温室的发展方向。混合结构的温室性能介于上述两者之间。

提　示　板

日光温室在我国发展历史悠久，类型繁多，各地可根据气候条件和生产水平选择不同类型的温室。目前以辽宁省瓦房店的琴弦式温室为代表的一斜一立式温室正逐渐退出历史舞台，取而代之的是以钢架结构为主的半拱形日光温室。

35．日光温室怎样进行采光设计？

（1）方位角　日光温室一般东西延长，前屋面朝南，方位角正南，正午时太阳光线与温室前屋面垂直，透入室内的太阳光最多，强度最高，温度上升最快，对作物光合作用最有利。根据地理纬度不同，温室可采用不同的最佳方位角。北纬40°左右地区，日光温室以正南方位角比较好。北纬40°以南地区，以南偏东5°比较适宜，太阳光线提前20分钟与温室前屋面垂直，温度上升快，作物上午光合作用强度最高，对光合作用有利；北纬40°以北地区，由于冬季外温低，早晨揭苫较晚，则以南偏西 5°为宜，这样太阳光线与温室前屋面垂直延迟 20 分钟，相当于延长午后的日照时间，有利于高纬度日光温室夜间保温。

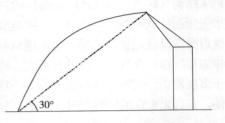

（2）前屋面采光角　半拱形温室从温室最高点向前底脚连成一条斜线，与地面的交角为前屋面采光角，图 17。根据各地日光温室多年

图 17　半拱形温室的前屋面采光角

生产实践，全国日光温室协作网专家组提出了合理时段采光设计，即前屋面的采光角度为当地纬度减 6.5°，即北纬 40°地区以 33.5°为适宜，最小不小于 30°。

（3）后屋面仰角　后屋面仰角大小与温室内后部的光照有密切关系，仰角小后屋面平坦，后屋面在最寒冷的冬至前后见不到太阳光，温度上升慢；仰角过大，温度虽然上升快，但后屋面陡峭，不便于管理。日光温室后屋面的仰角应为冬至日太阳高度角再增加 5°～7°。以北纬 40°地区为例，冬至日的太阳高度角为 26.5°，再加 5°～7°，应为 31.5°～33.5°。后屋面仰角是由后墙高、后屋面水平投影长度等指标决定的。在设计时先确定温室的脊高、后屋面水平投影、后屋面仰角，然后再确定后墙的高度。

（4）跨度　从温室内后墙根到前底脚的距离为跨度。地理纬度不同，温室的合理跨度也有差别。北纬 40°以北地区多为 6 米跨度；40°以南地区则为 7～7.5 米。后屋面水平投影的长短，也与地理纬度有关，纬度越高水平投影越长，纬度越低水平投影越短，北纬 40°以北地区水平投影应达到 1.4～1.5 米，40°以南地区 1.2～1.3 米。

（5）高度　包括温室脊高和后墙高度。温室最高透光点到水平地面的距离为温室脊高，也叫矢高。脊高与跨度有关，6 米跨度脊高 2.9～3.1 米，7～7.5 米跨度 3.3～3.5 米。日光温室后墙的高度与温室脊高和后屋面水平投影及后屋面仰角有关，脊高 2.9 米，后屋面水平投影 1.4 米，后屋面仰角 30°，后墙高 1.8 米；脊高 3.3 米，后屋面水平投影 1.5 米，后屋面仰角 31°，后墙高 2.15 米。

（6）长度 日光温室的长度没有统一标准。一般日光温室要利用卷帘机卷放草苫，不论机械卷帘机或电动卷帘机，都以 50～60 米长的温室安装和操作较为方便，所以日光温室的长度以 50～60 米比较适宜。

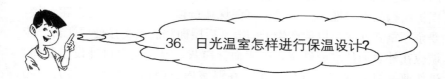

提 示 板

日光温室的热能来自太阳辐射，太阳光透入温室内，由短波光转为长波光，产生热量，提高温度。透入的太阳光越多，升温效果越好。采光设计就是确定日光温室的方位角、前屋面采光角度、后屋面仰角、高度、跨度等参数，使前屋面在白天最大限度地透入太阳光，满足作物光合作用的需要，提高室内的气温和地温。

36. 日光温室怎样进行保温设计？

（1）减少贯流放热 日光温室内获取的太阳辐射能转化为热能以后，以辐射、对流方式传送到山墙、后墙、后屋面、前屋面薄膜的内表面，再传导到外表面，通过对流散失到大气中去，叫做贯流放热，是温室热量损失的主要途径。减少贯流放热的措施是降低围护结构的导热系数，具体措施如下：

①墙体保温措施。土筑墙或毛石筑墙，外侧培土，使墙体总厚度超过当地冻土层厚度的 30%～50%，导热系数最低。永久式的墙体

和后屋面，采用异质复合结构，后墙和山墙采用砖砌夹心墙，中间留出空隙，可填充珍珠岩、炉渣、苯板等保温隔热材料，总厚度50～60厘米。近几年采用温室墙外贴苯板的外保温防护的效果也比较好。

②后屋面保温措施。铺木板箔，上面加草苫，再铺炉渣，抹水泥砂浆，进行防水处理，可降低后屋面的导热系数，提高保温效果。

③前屋面保温措施。日光温室贯流放热量最大部分是前屋面的塑料薄膜，面积大，导热最快。晴天太阳光照强，透入温室内的太阳辐射能多，转化的热量超过放出的热量，温度就上升，午后随着太阳高度角缩小，透入温室内的太阳辐射能减少，转化的热量与放出的热量相等以后，温度就开始下降。夜间热能来源断绝，放热照常进行，就要进行覆盖保温。北纬40°地区冬季用5厘米厚草苫覆盖，北纬40°以北地区在草苫下增盖4层牛皮纸被。据测试，覆盖草苫可使温室夜间温度增高10℃。

（2）减少缝隙放热　温室的墙体有缝隙、后屋面与后墙交接处有缝隙，前屋面薄膜有孔洞，温室出入口不严，管理人员出入时开关门，都会以对流方式把室内热量放到室外。建造日光温室应特别注意围护结构的严密性。夯土墙、草泥垛墙分段进行时，不能直茬对接，要余茬重叠连接，以免产生干缩缝。后屋面和后墙交接处要严密。砖墙应在外表面抹水泥砂浆，内表面抹白灰。温室进出口外设作业间，进作业间温室的门要挂棉门帘。在温室内靠门口处用塑料薄膜围起来，上端固定在后屋面上，下端垂于地面，作为缓冲带，管理人员出入时扒开薄膜，尽量减少空气对流。

（3）防止地中横向传导放热　白天日光温室透入太阳辐射能，转化为热能以后，大部分蓄积在土壤中。土壤中的热量一方面用于补充空气损失的热量，以保持室温；另一方面是地中横向传导，由于温室四周被温度很低的土壤和冻土层包围，热量向室外传导。墙体加厚，后部设通道，栽培区的地中传导放热可避免。东西山墙除了墙体厚，还因为面积较小，放热量少。温室前部室内外只有一层薄膜相隔，放热量最大，需要采取措施。传统的方法是在温室外前底脚处挖防寒沟，宽40厘米、深50厘米，装入乱草，培土踩实。近年采用竖埋5厘米厚、50厘米宽的聚苯板，效果更好。此外，也可以采用"室内地面下凹"的方法。因为冬季外界地表向下温度逐渐增高，所以使栽培床面自原地面下凹30～50厘米，有利于保持较高的土温，故此类温室又称为"半地下式温室"。

提 示 板

日光温室的保温设计的核心就是将室内的热能保住，也就是减少向室外的放热量和放热速度。具体措施包括增加墙体厚度，墙体、后屋面采用异质复合结构，前屋面外保温覆盖，封严各种缝隙，门口设缓冲间，温室前挖防寒沟或地面下凹等。

37. 怎样规划设计温室群?

选好建造温室群的场地后，首先要调整土地，丈量面积，测准方位，确定温室的跨度、高度、长度及前后排温室间距，绘制田间规划图，即可按图施工。

（1）确定方位角 建造温室首先要确定方位。即利用罗盘仪测出磁子午线，再根据当地磁偏角调整测出真子午线。例如大连某地拟建正南方位的温室，用罗盘仪定向，磁针指的正北方向实际上是当地子午线方向的北偏西6°35′。因此，只有将指南针调整到北偏东6°35′，这时磁针方向才是所要求的正北方向。各地磁偏角不同，详见表15。

（2）温室前后间距的确定 应以冬至前后前排温室不对后排温室

构成明显遮光为准，以使后排温室在冬至前后日照最短的季节里，每天也能保证 6 小时以上的光照时间。即在上午 9 时至下午 15 时，前排温室不对后排温室构成遮光。温室前后间距的精确计算公式较为复杂，生产中可按以下经验公式计算：

S＝（前栋温室的矢高＋卷起的草苫高度）×2＋1

例如矢高为 3.3 米，草苫高度为 0.5 米的温室，前后间距应为：

S＝（3.3＋0.5）×2＋1＝8.6 米

为提高土地利用率，应利用温室的风障效应，在前后两排温室间建中小拱棚进行提前或延后生产。

表 15　全国部分地区的磁偏角

地　区	磁偏角	地　区	磁偏角
齐齐哈尔	9°54′（西）	长　春	8°53′（西）
哈尔滨	9°39′（西）	满洲里	8°40′（西）
大　连	6°35′（西）	沈　阳	7°44′（西）
北　京	5°50′（西）	赣　州	2°01′（西）
天　津	5°30′（西）	兰　州	1°44′（西）
济　南	5°01′（西）	遵　义	1°25′（西）
呼和浩特	4°36′（西）	西　宁	1°22′（西）
徐　州	4°27′（西）	许　昌	3°40′（西）
西　安	2°29′（西）	武　汉	2°54′（西）
太　原	4°11′（西）	南　昌	2°48′（西）
包　头	4°03′（西）	银　川	2°35′（西）
南　京	4°00′（西）	杭　州	3°50′（西）
合　肥	3°52′（西）	拉　萨	0°21′（西）
郑　州	3°50′（西）	乌鲁木齐	2°44′（东）

（3）田间道路规划　依据地块大小，确定温室群内温室的长度和排列方式，根据温室群内温室的长度和排列方式确定田间道路布

置。一般在温室群内东西两列温室间应留3～4米的通道并附设排灌沟渠。如果需要在温室一侧修建工作间，再根据作业间宽度适当加大东西两列温室的间距。东西向每隔3～4列温室设一条南北向的交通干道；南北每隔10排温室设一条东西向的交通干道，宽5～8米。如图18。

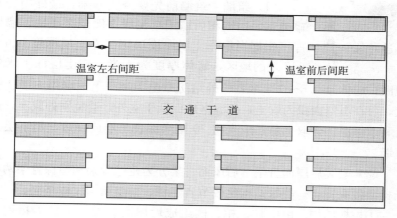

图18 日光温室群田间规划示意图

提 示 板

日光温室群的规划应从长远考虑，科学规划。确定方位时要校正磁偏角，温室前后间距以冬至前后保证每天6小时不遮光，而不是其他季节。温室区应设有大型运输车辆可通过的交通干道。仓库、锅炉房和水塔等应建在温室群的北面，以免遮光。经济发达地区，灌水渠道应全部用地下防渗管道，既节省土地，又节约用水。

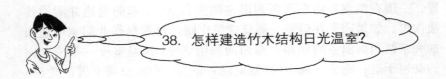

38. 怎样建造竹木结构日光温室？

（1）筑墙　筑墙前先要夯实基础，最好用砖石砌地基。山墙和后墙用草泥垛土墙或夯土墙，墙体厚度根据当地冻土层厚度决定。冻土层深度 0.6～0.7 米的地区，墙体厚度为 1 米；冻土层深 1 米的地区，墙体厚 0.6～0.7 米，墙外培防寒土 1 米。土筑墙用土量比较大，可在温室面积内取土，使温室地面低于室外，避免别处取土，还有利于保温。但取土前，应先将 20 厘米深表土堆放一边，用下层土筑墙。

（2）安装后屋面骨架　后屋面骨架分为柁檩骨架和檩椽骨架两种结构，各有特点。檩椽结构比较节省建材，柁檩结构比较坚固。

①柁檩结构。由中柱、柁、檩组成后屋面骨架。中柱支撑柁头部，柁尾担在后墙上，每 3 米一架柁。柁头伸出柱外 40 厘米左右，柁尾无立柱支撑，土墙容易被压坏，下面可用木板垫住。中柱向后倾斜 80°左右。柁上放三道檩，脊檩对接成一直线，腰檩和后檩错落摆放，见图 19。

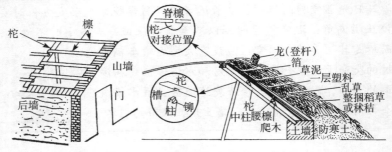

图 19　后屋面骨架柁檩结构示意图

②檩椽结构。由脊檩、中柱和椽子组成。相当于柁檩结构的脊檩每 3 米由一中柱支撑，脊檩和后墙部按 30 厘米间距铺椽子，椽头探出脊檩 40 厘米，椽尾放在后墙上，为防椽尾下沉，在后墙顶部放一道木杆，把椽尾钉在木杆上。椽头上部用木杆或木棱作瞭檐，横钉在椽头上。以便安装前屋面拱杆，见图 20。

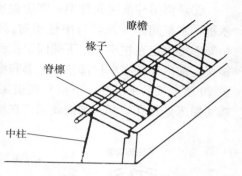

图 20 檩椽结构后屋面骨架示意图

③覆盖后屋面。在檩椽上用高粱秸或玉米秸勒箔，抹草泥，上面抹一层沙子泥，以防裂缝，上再铺乱草、玉米秸，平均厚度达到墙体厚度的 40％～50％。

（3）安装前屋面骨架

①半拱形前屋面骨架。用竹片作拱杆，弯成弧形，拱杆间距 50～60 厘米，上端固定在脊檩或檐上，下端插入土中。近地面放 1 道木杆，把竹片绑住。中部设 1 道腰梁，前部设 1 道前梁，每隔 3 米设一前柱和腰柱，用塑料绳把拱杆绑在腰梁和前梁上，见图 21。

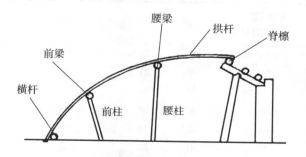

图 21 竹木结构多柱温室前屋面骨架

②悬梁吊柱前屋面骨架。在距温室前底脚 40～50 厘米处钉 1 排木桩，木桩间距 3 米，与中柱相对。每 3 米设一木桁架（松木杆），桁架上端固定在柁头上，下端固定在前底脚木桩上，桁架上用木杆作横梁，前横梁放在立柱部位，上部和中部用较粗的横梁。在各拱杆下设 20 厘米长的小吊柱，下端担在横梁上，上端支撑拱杆。小吊柱两端 4 厘米处钻孔，穿入细铁丝固定在横梁和拱杆上，见图 22。

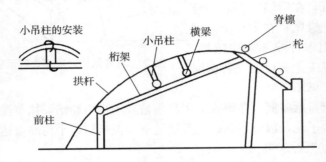

图 22　竹木结构悬梁吊柱温室前屋面骨架

为了便于农民朋友新建日光温室参考，以跨度 7.5 米，脊高 3.1 米，长 88.85 米，面积 667 米^2 的日光温室为例，将竹木结构半拱形日光温室、悬梁吊柱日光温室的建造材料列于表 16、表 17。

表 16　半拱形日光温室用料表（667 米^2）

材料名称	规格（厘米）（长×直径）	单位	数量	用途	备注
木杆	200×12	根	31	柁	
木杆	350×8	根	31	中柱	
木杆	300×10	根	30	脊檩	
木杆	400×10	根	60	腰后檩	
木杆	150×8	根	31	前柱	
木杆	400×5	根	23	腰梁	
木杆	400×5	根	23	前梁	
木杆	300×8	根	31	腰柱	

（续）

材料名称	规格（厘米） （长×直径）	单位	数量	用途	备注
竹片	600×5	根	112	拱杆	
竹片	400×4	根	56	底脚拱杆	截断用
木杆	400×4	根	25	固定底脚拱杆	防拱杆下沉
巴锔	20×φ8	个	60	固定檩木	
钉子	3 吋（7.5 厘米）	千克	2	钉木杆	
塑料绳		千克	3	绑拱杆	
草苫	800×150×5	块	110	夜间保温	
薄膜	0.1 毫米	千克	70	覆盖前屋面	
高粱秸		捆	1 000	勒箔	
稻草		千克		垛墙	
压膜线		千克	15	压薄膜	
竹竿	600×6	根	16	后屋面上拴绳	

表 17　悬梁吊柱温室用料表（667 米²）

材料名称	规格（厘米） （长×直径）	单位	数量	用途	备注
木杆	200×12	根	31	柁	
木杆	350×8	根	31	中柱	
木杆	300×10	根	30	脊檩	
木杆	600×8	根	31	桁架	
木杆	400×10	根	60	腰、后檩	
木杆	400×8	根	60	腰、后梁	
木杆	400×5	根	23	前梁	
木杆	150×8	根	31	前柱	
木杆	30×4	根	224	小吊柱	
竹片	600×5	根	112	拱杆	截断用
竹片	400×4	根	56	底脚拱杆	
木杆	400×4	根	25	固定底脚拱杆	
巴锔	20×φ8	个	100	固定檩、梁	

（续）

材料名称	规格（厘米）(长×直径)	单位	数量	用途	备注
钉子	3吋（7.5厘米）	千克	2	钉木杆	
塑料绳		千克	3	绑拱杆	
薄膜	0.1毫米	千克	70	覆盖前屋面	
高粱秸		捆	1 200	箔	
压膜线		千克	15	压薄膜	
草苫	800×150×5	块	110	夜间保温	
稻草		千克		垛墙	
竹竿	600×6	根	16	后屋面上拴绳	
细铁丝	16#	千克	2	固定小吊柱	

提 示 板

　　竹木结构的日光温室取材方便，农户可自行设计建造。缺点是用木杆作立柱，柱脚易腐烂，竹片拱架也需年年维修。近年来，用水泥预制柱取代木杆作立柱的混合结构温室面积逐渐扩大。

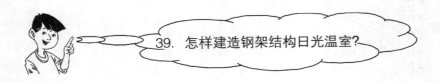

39. 怎样建造钢架结构日光温室？

名家解答

　　（1）墙体建造　钢架无柱温室的山墙和后墙可以是土墙，也可以是黏土砖夹心墙。为提高墙体的保温性能，最好采用异质复合结构墙体。筑墙前先打地基，地基的深度，取决于各地区冬季土地冻层和温室凹入地下的深度。如当地冻土层深度为 70 厘米，温室室内凹入地下 50 厘米，温室的基础深度应为 1.1～1.2 米。宽度应为墙壁厚度的一倍。复合墙体内外墙均砌二四墙，或外墙砌 11.5 厘米墙，中间留出 11.5 厘米空隙，填入炉渣、珍珠岩或装入 5 厘米厚的聚苯板两层。后墙顶部浇筑钢筋混凝土梁。先砌内墙，清扫地面后放上聚苯板，双层错口安放，接口处用胶纸粘合，再砌外墙，外墙表面抹水泥砂浆，内墙表面抹白灰。

（2）拱架制作　用 6 分镀锌管作上弦，$\phi12$ 钢筋作下弦，$\phi10$ 钢筋作拉花，焊成骨架，骨架上下弦的间距 20 厘米。为了解决后屋面靠屋脊处太薄，不利于保温，在拱架制作时，把拱架最高点向前移 10 厘米，用 $\phi12$ 钢筋弯成"Γ"形焊接在拱架上，使靠顶部的厚度增加 10 厘米。

（3）拱架安装　在温室前底脚处浇筑混凝土地梁，预埋角钢，后墙顶部浇 6～8 厘米厚混凝土顶梁预埋角钢，安装骨架：先在靠东西山墙立两片骨架，温室中部也立 1 片骨架，在骨架最高处用 1 根 5 厘米×5 厘米的槽钢，把 3 片骨架连成整体。然后按 85 厘米间距，把骨架全部立起来，上端焊在后墙顶端角钢上，下端焊在地梁角钢上。

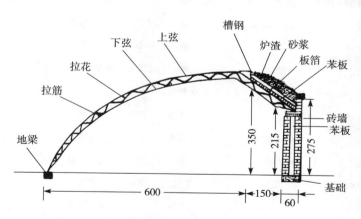

图 23　钢管骨架无柱温室示意图（单位：厘米）

中部再用 2 根 4 分镀锌管作拉筋，焊在下弦上，见图 23。

（4）建造后屋面　在后墙混凝土梁外侧用红砖砌筑 50 厘米高女儿墙。后屋面骨架上铺 2 厘米木板箔，木板箔上铺 5 厘米厚的聚苯板，上面再铺 1 层 5 厘米厚稻草苫，草苫上铺炉渣，把女儿墙顶部和骨架顶部的三角区铺平，抹水泥砂浆后，再用两毡加三油进行防水处理。

建造 667 米^2 钢架无柱日光温室的材料准备可参照表 18。

表 18　钢架无柱温室用料表（667 米^2）

材料名称	规格（米）	单位	数量	用途	备注
镀锌管	6 分（G3/4）×9.6	根	106	骨架上弦	
钢筋	$\phi 12 \times 9.0$	根	106	骨架下弦	
钢筋	$\phi 10 \times 9.6$	根	106	拉花	
钢筋	$\phi 10 \times 90$	根	4	顶梁筋	
镀锌管	$\phi 14 \times 90$	根	2	拉筋	
槽钢	（5 厘米×5 厘米×5 厘米）×90	根	1	屋脊拉筋	固定薄膜顶部
角钢	（5 厘米×5 厘米×4 毫米）×90	根	2	焊接骨架	预埋顶梁、地梁
钢筋	$\phi 5.5 \times 0.35$	根	210	顶梁箍筋	
红砖		块	70 000	墙体	
水泥	325$^\#$	吨	20	砂浆、浇梁	
沙子		立方米	40	砂浆	
毛石		立方米	35	基础	
碎石	2～3 厘米	立方米	3	浇梁	
苯板	200×100×5	张	30	隔热保温	
细铁丝	16$^\#$	千克	2	绑线	
木材		立方米	4	箔、门窗	
白灰	袋装	吨	0.5	抹墙面	

（续）

材料名称	规格（米）	单位	数量	用途	备注
沥青		吨	1.5	防水	
油毡纸		捆	20	防水	
薄膜	0.1	千克	75	覆盖前屋面	
压膜线		千克	15	压膜	
草苫	800×150×5	块	110	夜间保温	

提 示 板

　　钢架结构的日光温室建材强度高，遮光面积小，室内无立柱，操作方便，一次投资多年使用，是日光温室的发展方向。缺点是高温高湿条件下拱架易生锈。因此，拱架焊好后，要先刷防锈底漆，干燥后再用其他调和漆罩面。如有条件，最好采用热镀锌处理。

40. 日光温室怎样覆盖塑料薄膜？

　　（1）选择适宜的塑料薄膜　日光温室生产以冬季为重点，对塑料薄膜的透光率要求最高，普通聚乙烯薄膜和普通聚氯乙烯薄膜都不适宜。应选用聚乙烯双防膜、聚氯乙烯双防膜、聚氯乙烯防尘耐候无滴膜、聚乙烯多功能复合膜、乙烯-醋酸乙烯多功能膜、漫反射膜、光转换膜等。

（2）棚膜的焊接

①热黏合法　各种类型的棚膜均可采用此法焊接。首先将需要黏在一起的两块薄膜的两个边重叠置于木条上约 6 厘米宽，两边抻平。再把硫酸纸条平铺在重合的薄膜上，手持加热好的电熨斗平稳、匀速地在铺好的纸条上熨烫，然后将纸条揭起，检查黏合效果。如此一段接一段地重复，就将两幅薄膜黏在了一起。

②化学黏合法　聚氯乙烯膜可用专用黏合剂黏合。将棚膜剪裁好后，把需要黏合的棚膜在干净地面或桌面上铺好，边缘用小毛刷涂一薄层黏合剂，刷胶的宽度与毛刷等宽，然后将另一幅薄膜对齐盖在已刷过胶的棚膜上，用干净棉布抹平擦净，两幅棚膜即黏合到一起。

除根据需要黏合整幅棚膜外，注意通风口的上下边应卷入塑料绳，然后再黏合在一起，以防通风时被撕裂。

（3）覆盖方法　日光温室的通风口可设于顶部或腰部。风口设在腰部的，在温室前底脚处用一幅 1.5 米宽的棚膜作围裙，上端绑在各拱杆上。塑料薄膜下边埋入土中 30 厘米。两端拉到墙外固定在山墙上。上部覆盖一整幅棚膜，上边固定在中脊或后屋面上，下部延过围裙 50 厘米，展平拉紧，每两根拱杆用 1 条压膜线压紧。风口设在顶部的，温室中下部先扣一整幅棚膜，上部扣一幅宽度为 2.5 米的棚膜，盖在下面整幅棚膜上，安装滑轮和卷膜绳或用卷膜器来控制风口大小。

提 示 板

扣膜前对温室骨架进行清理和检查，对已损坏的部位进行维修，对骨架的所有锐利接头进行包缠，检查地锚是否完好。如使用 PE 膜或 EVA 膜，焊接和覆盖棚膜时要注意膜面正反，可根据膜上的印字确定。扣反了，棚内易滴水。

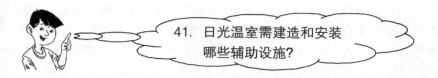

41. 日光温室需建造和安装哪些辅助设施?

（1）作业间　在温室山墙外靠近道路的一侧设置作业间。通过作业间进出温室，起到缓冲作用，减少缝隙放热，提高保温效果。

（2）给水设备　在建温室前进行田间规划时，就要打深机井，建水塔或大型贮水池，埋地下管网。水塔或贮水池的容量不应少于 50 米^3，出水口与温室地面的高程差应达到 10 米以上，送水的压力达到 0.1～0.2 兆帕。

大的温室群需三级管道：干管、分管和支管组成。干管设在温室群的一端（南端或北端），在不设作业间的山墙外设南北延长的分管，每栋温室设 1 支管。埋在冻土层下，输水管需用尼龙纱过滤，以防泥土堵塞。

日光温室最适宜的灌溉方式是软管滴灌。多用聚乙烯塑料薄膜滴灌带，厚度为 0.8～1.2 毫米，直径有 16 毫米、20 毫米、25 毫米、32 毫米、40 毫米、50 毫米等规格。日光温室垄、畦比较短，可选用直径小的软管。在软管的左右两侧各有一排直径 0.5～0.7 毫米的滴水孔，孔距 25 厘米，两排孔交错排列。

在日光温室内东西拉一道输水管（内径 40 毫米的高压聚乙烯管），一端连在进入温室的支水管上，另一端封死，输水管上按软带位置打孔，孔上安装旁通，软管接在旁通上扎紧，软管另一端也扎紧。连接软管的输水管设在靠后墙处，安装方便，但是管理上不方便，最好将输水管放在前底脚处。

（3）输电线路　在进行温室群田间规划时，输电线路和灌溉管网必须统一规划，地下电缆与输水管网统一埋设在冻土层下，既节省人工，又可避免影响交通和造成遮光。

(4) 卷帘机　安装卷帘机需要在温室的中脊上或后墙上设支架，支架由1根槽钢或两根角钢每3米设一个，槽钢顶部焊上轴承，支架高出中脊0.5～0.8米。用直径5厘米、与温室等长的钢管穿入轴承，利用电机和减速机带动钢管转动，缠紧或放松卷帘绳，实现草苫的自动卷放。

(5) 贮水设备　贮水池多建在靠温室西山墙处，用砖砌筑成1米宽、4～5米长、1米深的半地下式贮水池，用防水砂浆抹严，池口摆放木棱，上面覆盖薄膜，白天水温随气温升高，夜间防止蒸发提高空气湿度。

提　示　板

　　日光温室的正常运转，离不开各种辅助设施。作业间可防止外界冷空气直接进入；软管滴灌既节水又降湿；卷帘机减轻了管理者的劳动强度，同时延长了温室内作物的见光时间；贮水池可使灌溉水温升高至室温，极大地缓解了冷水对根系的不良影响。

42. 日光温室怎样增光补光？

　　由于棚膜和建材的遮光，温室内的光照强度只有自然光强的70%～80%，而且在空间上的分布也不均匀。垂直方向上越靠近薄膜光照强度越强，向下递减，近地面处光照较弱。温室内光照水平分布的特点是东西方向上变化不大，只是东、西山墙内侧由于山墙的遮阴，各有2米左右的阴影区。南北方向上，从后屋面水平投影以南是光照强度最高部位，后屋面下的光照强度较弱。此外，日光温室由于冬春季覆盖草苫保温防寒，人为地缩短了日照时数。因此，温室冬春季节生产，光照调控的核心就是增光和补光，尽量满足黄瓜光合作用对光照的需求。

增加温室光照，除了建造温室前注意合理规划布局、科学采光设计、选择遮光面积小的建材和透光率高的棚膜外，管理上还可采取以下措施：

（1）清洁棚膜　塑料薄膜容易吸附灰尘，使用一段时间后透光率大大降低。低温季节经常用干净的拖布擦拭灰尘，清洁棚膜，可有效提高透光率，改善温室的光照条件。

（2）早揭晚盖草苫　塑料大棚或日光温室春、秋两季，不需盖草苫，温室内的见光时间和露地是一致的。冬季需盖草苫保温，早晨太阳升起后揭开，晚上太阳未落就要放下，人为地缩短了光照时间，有时遇灾害性天气，连续几天较少揭开草苫。生产上，应在室内温度不受影响的情况下，早揭晚盖草苫，延长光照时间；遇阴天只要室内温度不下降，就应揭开草苫，争取见散射光。

（3）改进栽培技术　如采用扩大行距，缩小株距的配置形式，改善行间的透光条件；及时整枝打杈，改插架为吊蔓，减少架材遮阴和叶片相互遮阴。

（4）利用反射光　后墙涂白或挂反光幕，增加温室光照。利用地膜的反光作用，改善植株下部光照。

（5）人工补光　可利用高压水银灯、日光灯、白炽灯、荧光灯、钠灯等进行补光。40瓦日光灯三根合在一起，可使离灯45厘米远处的光照达到3 000～3 500勒克斯；100瓦高压水银灯可使离灯80厘米远处的光照保持在800～1 000勒克斯范围内。

提 示 板

　　人工补光的应用效果较好，但成本较高，国内生产上很少采用，主要用于育种、引种、育苗等。另外，补光用的灯应离开作物及棚膜各50厘米左右，避免烤伤作物、烤化薄膜。

43. 日光温室的温度有什么特点？怎样进行增温保温？

日光温室的温度条件包括气温和地温两部分。

（1）气温　温室内的气温晴天变化显著，阴天不明显。冬季气温最低时间出现在早晨卷草苫前。有时卷起草苫后稍有下降，接着很快上升，在密封条件下每小时上升 6～10℃，以 11 时前上升最快，13 时达到高峰，以后缓慢下降，15 时后下降速度加快，直到放下草苫为止。放下草苫后气温回升 1～3℃，以后缓慢下降，直至第二天卷草苫前达最低。温室内气温的分布存在着不均匀性，垂直分布上表现为上高下低；水平分布上，中柱前 1～2 米的范围内气温最高，向南向北递减，在前沿和后屋面下变化梯度较大。晴天白天南部气温高于北部，夜间北部气温高于南部。东西方向上分布的差异较小，只有靠东、西山墙 2 米左右处的温度比较低，靠近出口处最低。

（2）地温　严寒季节，日光温室内土壤从地表到 50 厘米深，都有增温效应，这种现象称为"热岛效应"。温室内地温在水平方向上的变化表现为：白天 5 厘米地温以中部地带温度最高，由南向北递减，后屋面下地温稍低于中部，比前沿地带高；夜间后屋面下最高，向南递减。东西方向上温差不大。冬季日光温室内的地温，垂直方向上的分布表现为晴天浅层温度高，深层温度低；阴天特别是连阴天，深层土壤的温度高于浅层土壤。如果连续 7～10 天阴天，地温只能比气温高 1～2℃，极易发生冻害。

温室温度的升高主要来自太阳辐射能，冬季外温很低时，只要是晴天，光照充足，室内温度就比较高；阴天外界气温不是很低，室内气温也比较低。可见温室的增温效果取决于采光设计的科学性，而保温效果则取决于保温设计的合理性。因此，温室建造前就应优化采光设计和保温设计，从根本上提高日光温室的增温和保温效果。除此之外，栽培管理上也可以采用一些措施来改善温度环境。

（1）采用多层覆盖　低温季节生产时，夜间利用小拱棚、二层幕、纸被、草苫等进行多层覆盖，减少温室内的贯流放热。

（2）覆盖地膜　覆盖透明地膜，提高地温，同时减少地表水分蒸发带走的热能。

（3）减少出口放热　温室门口内侧用塑料薄膜围成一个缓冲带，或直接在温室朝阳的前屋面上开设小门，以防止冷风直接伤害作物。

（4）推广应用秸秆生物反应堆技术　此项技术是将秸秆铺于黄瓜栽培畦下，利用微生物分解秸秆缓慢释放热量，从而有效提高冬季温室的土壤温度，在生产中取得了极佳的效果。

（5）水暖袋蓄热-放热法　用塑料薄膜制成直径 30 厘米左右的长方形水袋，在其中灌入厚度 6～8 厘米的水之后加以密封。将其摆在温室的地面或钢架上。白天阳光照射，枕袋内水吸热温度上升，到了傍晚或夜间，枕袋中水所吸收的热量缓慢释放，可使温室气温不致下降过低。

（6）临时加温　冬季寒流来临时用电暖风、热风炉、煤气罐、炭火盆等进行临时辅助加温。

提　示　板

　　越冬生产的温室一定要准备临时加温设备，以防止灾害性天气带来的不利影响。使用电热加温时，一定要提前检查线路，防止线路老化引起混电、漏电现象。使用炭火盆加温，必须把木炭在室外烧红后再放入温室，以防一氧化碳中毒。无论采用何种方式，都应把防火放在首位。

44. 温室大棚怎样通风?

目前温室大棚生产主要依靠通风来降温室内温度，通风管理时需注意以下几点：

（1）逐渐加大通风量 每次通风时，不能一次开启全部通风口，而是先开 1/3 或 1/2，经过一段时间后再开启全部风口。可将温度计挂在温室内几个不同的位置，以决定不同位置风口大小。进入春季，随着外界温度的升高，逐渐加大通风面积和延长通风时间，当外界夜温稳定在 15℃ 以上时，就要昼夜通风。

（2）反复多次进行 高效节能日光温室冬季晴天 12：00～14：00 室内最高温度可以达到 32℃ 以上，此时打开通风口，由于外界气温低，温室内外温差过大，常常是放风不足半小时，气温已下降至 25℃ 以下，这时关闭通风口，使温室贮热增温，当室内温度再次升到 30℃ 左右时，重新放风排湿。这种放风管理应重复几次，使午后室内气温维持在 23～25℃。由于反复多次的升温、放风、排湿，可有效地排除温室内的水汽量，二氧化碳气体得到多次补充，使室内温度维持在适宜温度的下限，并能有效地控制病害的发生和蔓延。遇多云天气，更要注意随时观察温度计，温度上来就放风，温度下降就闭风。否则，棚内黄瓜极易受高温高湿危害。

（3）早晨揭苫后不宜立即放风排湿 冬季外界气温低时，早晨揭苫后常看到温室内有大量水雾，若此时立即打开天窗排湿，外界冷空气就会直接进入棚内，加速水汽的凝聚，使水雾更重。因此，冬季日光温室应在外界最低气温达到 0℃ 以上时通风排湿。一般开 15～20 厘米宽的小缝半小时，即可将室内的水雾排除。中午再进行多次放风排湿，尽量将日光温室内的水汽排出，以减少叶面结露。

（4）不放底风 黄瓜对底风（扫地风）非常敏感，低温季节生产原则上不放底风，以防冷风扫苗，引发各种病害发生。

提 示 板

　　开闭通风口是温室管理中一项看似简单，实则十分关键的工作。温室内的黄瓜需要像小孩子一样精心照料，温度过高、过低，忽冷忽热导致植株生长不良、抗性降低，是各种病害发生的根本诱因。无公害黄瓜生产应从管理入手，提高植株自身的抗性，从而减少病害的发生和农药的使用。

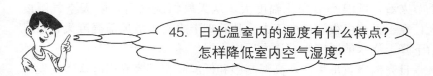

45. 日光温室内的湿度有什么特点？怎样降低室内空气湿度？

　　日光温室内的湿度环境包括土壤湿度和空气湿度。

　　（1）土壤湿度　日光温室的土壤水分来源于夏季撤膜后的降雨贮存和人工灌溉。土壤水分的消耗有两个途径：一是作物蒸腾，二是地面蒸发。前期作物生长量小，叶面蒸腾量不大，以地面蒸发为主，中后期蒸腾量大。冬季日光温室浇水量少，但是表土常表现湿润，原因是温室封闭较严，很少放风，水分散失少，土壤深层水分不断通过毛细管上升，即使土壤水分已经不足，地表仍呈现不缺水的假象。如果被这种假象蒙蔽，会使土壤水分得不到及时补充，使作物的正常生长发育受到不良影响。日光温室的土壤水分变化，与季节和天气情况也有关系。冬季低温，作物生长量少，放风量也小，水分消耗少，浇水后土壤湿度增加，持续时间也长；春末初夏和秋末，气温高，光照强，作物生长旺盛，蒸腾量大，放风时间长，放风量大，水分消耗多，土壤湿度小。另外，水分消耗量晴天大于阴天，白天大于夜间。

（2）空气湿度　日光温室空间小，气流比较稳定，温度高，蒸发量大，又是在密闭条件下，不容易与外界对流，因此空气相对湿度较高。即使在晴天，夜间和早晨空气相对湿度也经常在 90％以上，有时甚至达到饱和或接近饱和状态。这种高湿条件对多种蔬菜的生育是不利的，易引起病害的发生和蔓延。因此，日光温室冬季生产，需解决如何降低空气湿度的问题。日光温室空气湿度的大小，决定于蒸发量和蒸腾量，与温度也有密切关系。蒸发量和蒸腾量大，空气相对湿度、绝对湿度都高，在空气中含水量相同的情况下，温度越高相对湿度越小。日光温室空气相对湿度的变化，随季节和天气而有差别，从季节来看，低温季节变化幅度大，从天气情况来看，阴天空气湿度大，在一天当中夜间比白天大。从管理上来看，放风前湿度大，放风后下降，浇水前湿度小，浇水后增大。

日光温室黄瓜生产，高温高湿和低温高湿都容易引起病害的发生和蔓延，必须加以调控。调节空气湿度需考虑作物的生育特性、生育阶段和栽培季节。例如，黄瓜冬季栽培，由于光照弱，温度较低，生长比较缓慢，应尽量控制空气湿度，以不超过 70％～80％为宜，进入春季，空气湿度可提高到 85％～95％。冬季日光温室控制空气湿度最有效的措施是覆盖地膜，进行膜下滴灌，可有效地减少地面蒸发，降低空气湿度。同时也能保持土壤水分，减少灌水次数。灌水要选择冷尾暖头的天气，一次灌水量不宜过多。灌完水后应立即闭棚升温，防止温度降低过多。温度升上来后，再放风排湿。

提　示　板

黄瓜栽培畦间供人作业的过道，可覆盖稻草、锯末等覆盖物，既可起到防止土壤水分蒸发的作用，又可吸收空气中的水分，从而可明显降低空气湿度。另外，覆盖后的土壤不板结，覆盖的有机物翻耕后又可改善土壤的物理性质。

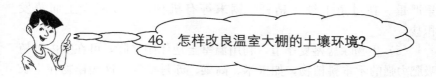

46. 怎样改良温室大棚的土壤环境？

与露地相比，日光温室内的土壤具有以下特点：一是温室内的土壤温度全年高于露地，土地很少休闲，土壤水分充足，土壤微生物活动旺盛，加快了土壤养分转化和有机质的分解速度。二是温室内不受自然降水淋洗，土壤水分流失少，肥料利用率高。土壤水分由于毛细管的作用，由下层向表层运动，各种肥料盐分随水分向表层积聚，形成温室土壤的"次生盐渍化"，对作物发生危害。三是由于长期连作，会使土壤中元素和微生物群落失去平衡，对作物造成危害；病菌、病残体积累过多，导致病害猖獗。

日光温室土壤条件的调控主要包括土壤消毒和防止次生盐渍化两方面，土壤消毒的具体措施参见本书相关内容，这里主要介绍一下土壤次生盐渍化的防治措施。

（1）合理施肥　增施有机肥，增加土壤对盐分的缓冲能力。施用化肥时，应根据蔬菜作物种类和预计产量进行配方施肥，避免超量施入。施肥方法上要掌握少量多次，随水追施。

（2）淋雨洗盐　雨季到来之前，揭掉棚室上的塑料薄膜，使土壤得到充足的雨水淋洗。事先挖好棚内的排水沟，使耕层土壤中多余的盐分能够随水排走。这是季节性覆盖保护地最有效的排盐措施。

（3）灌水洗盐　春茬作物收获后，在棚内灌大水洗盐。灌水量以200～300毫米为宜。灌水前清理好排水沟，使灌水及时由径流排走。有条件的可以在地下埋设有孔塑料暗管，可使灌水洗盐时下渗的水和盐分由它排走。

（4）地面覆盖　地膜覆盖可降低土面蒸发，减少随水上移的盐分在土表积聚。畦间过道由于土壤被踩实，毛细作用较强，表土盐分积累严重。在过道上铺盖秸秆、锯末等有机物，可以减少土面蒸发积盐。

（5）生物除盐盛夏季节，利用温室土地休闲之际，可在室内种植吸肥力强的禾本科植物，如玉米、高粱、苏丹草等。这些作物在生长过程中可以吸收土壤中的无机态氮，降低土壤溶液浓度。吸盐作物长成后还可割青翻入土中作绿肥。也可结合整地施入锯末、稻草、麦糠、玉米秸秆等含碳量高的有机物，使之在分解过程中，通过微生物活动来消耗土壤中的可溶性氮，降低土壤溶液盐浓度和渗透压，缓解盐害。

提 示 板

控制温室土壤"返盐"要从根本抓起，即避免超量施入化肥和盛夏休闲淋雨，尽量减少或延缓土壤中盐离子的积累。其次，才可考虑其他除盐方法。

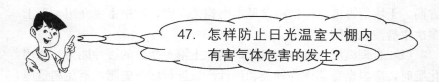

47. 怎样防止日光温室大棚内有害气体危害的发生？

黄瓜保护地栽培中，由于温室大棚相对密闭的环境，黄瓜植株极易受到有害气体的危害，轻者影响植株生长发育，重者造成叶枯或死秧。气害一旦发生，对产量影响很大。

氨气主要来自施入土壤的氮素化肥和农家肥，尤其在施肥过量、土壤干旱、肥料遇到棚内高温的情况下，施肥后 3～4 天就产生大量氨气。当氨气浓度超过 5 毫克/升时，蔬菜就会受到伤害。最初叶片像被开水烫过，干燥后变成褐色。气害主要发生在靠近地面的叶片上，很少危害新叶。

防止有害气体的发生关键要注意以下几点：

（1）科学施肥　农家肥（特别是鸡粪）一定要充分腐熟后施用，以施底肥为主，追肥为辅；追肥要按照"少量多次"的原则，防止过量施肥。一般追施尿素时，以每 10 米^2 不超过 300 克为宜。追肥方法采用开沟深施，施后接着覆土盖严，并及时浇水，将肥料稀释。

（2）及时通风换气　利用中午气温较高时换气，使空气流通，即使在阴天或雪天，也要在中午进行短时间的通风换气，以尽可能地减少棚内有害气体。

提　示　板

有害气体危害是由于不良环境条件引起的生理障害。一旦发生气害，最好的办法就是通风，降低室内有害气体的浓度。对于受害的植株，先去除枯叶，保留绿叶，加强肥水管理，使植株逐渐恢复生长。千万不要盲目施肥用药，以免适得其反。

48.　什么是秸秆生物反应堆技术？

秸秆生物反应堆技术是使作物秸秆在微生物（纤维分解菌）的作用下发酵分解，产生二氧化碳、热量、抗病孢子、有机无机肥料来提高作物抗病性、产量和品质的一项新技术，目前正在蔬菜设施生产中广泛推广应用。实践证明，秸秆生物反应堆在越冬茬黄瓜上应用，具有促进生长、增加产量、改善品质、提早成熟和增强抗病性等效果。

日光温室越冬茬蔬菜生产的突出问题主要是地温低、二氧化碳气体亏缺、土传病害严重及土壤性状变劣。而秸秆生物反应堆恰恰解决了这几个问题。首先作物秸秆在微生物的作用下发酵分解产生热量，能够提高土壤温度，同时微生物活动时产生大量二氧化碳，向蔬菜行间释放，大大缓解了日光温室由于保温密闭造成的二氧化碳气体亏缺。秸秆分解后形成有机质，有利于改善土壤结构，增强土壤肥力。同时，由于土壤中有益微生物的旺盛活动，有效抑制了有害微生物的繁殖，因此，减轻了根腐病等土传病害的发生。

秸秆生物反应堆分为外置反应堆（包括棚内和棚外两种形式）和内置反应堆（包括定植行下反应堆和定植行间反应堆）两种。外置反应堆适合于春、夏和早秋大棚黄瓜栽培，内置反应堆适用于日光温室黄瓜越冬栽培。

提 示 板

秸秆生物反应堆应用于温室蔬菜生产的主要效应包括补充二氧化碳、提高地温、生物防治和改良土壤。据测算，1千克干秸秆可产生二氧化碳1.1千克，热量3 037千卡，有机肥0.13千克和抗病微生物孢子0.003千克。

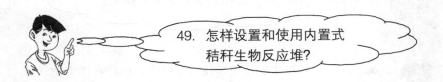

49. 怎样设置和使用内置式秸秆生物反应堆？

（1）定植行下内置反应堆

①施肥备料。温室清园后，普施充分腐熟的有机肥作基肥，耕翻后整平，使粪土混合均匀。秸秆生物反应堆可促进养分分解，但不能取代施肥。建造秸秆反应堆需要准备菌种、麦麸和秸秆三种反应物。其比例（重量

比）为菌种：麦麸：秸秆＝1：20：500。通常每 667 米² 需要准备作物秸秆 4 000～5 000 千克，秸秆可以使用玉米秸、稻草、麦秸、稻糠、豆秸、花生秧、花生壳、谷秸、高粱秸、向日葵秸、树叶、杂草、糖渣、食用菌栽培后的菌糠等。目前市场上用于秸秆生物反应堆的菌种较多，如沃丰宝生物菌剂、圃园牌秸秆生物反应堆专用菌种等，每 667 米² 用量 8～10 千克，同时需准备麦麸 160～200 千克，为菌种繁殖活动提供养分。

②挖沟铺秸秆。在种植行下按照大小行的距离在定植行正下方开沟，沟宽 70～80 厘米，沟深 20～25 厘米，长度同定植行。挖出的土堆放在沟的两侧。沟挖好后将秸秆平铺到沟内，踏实、踩平，秸秆厚度 30 厘米左右，南北两端各露出 10 厘米，以利于散热、透气。

③撒菌种。菌种使用前必须进行预处理。方法是用 1 千克菌种和 20 千克麦麸干着拌匀，再用喷壶喷水，水量 16 千克。秋季和初冬（8～11 月份）温度较高，菌种现拌现用，也可当天晚上拌好第 2 天用；晚冬和早春季节要提前 3～5 天拌好菌种备用。拌好的菌种一般摊薄 10 厘米存放，冬季注意防冻。麦麸也可用饼类、谷糠替代，但其数量应为麦麸的 3 倍，加水量应视不同用料的吸水量确定（以手轻握不滴水为宜）。施用菌种前先在秸秆上均匀撒施饼肥，用量为每 667 米² 100～200 千克，然后再把处理好的菌种撒在秸秆上，并用铁锹轻拍使菌种渗漏至下层一部分。如不施饼肥，也可在菌种内拌入尿素，用量为 1 千克菌种加 50 克尿素，目的是调节碳氮比，促进微生物分解。

④定植打孔。将沟两边的土回填于秸秆上成垄，浇水湿透秸秆。2～3 天后，找平起垄，秸秆上土层厚度保持 20 厘米左右。7 天后在垄上按株行距定植，缓苗后覆地膜。最后按 20 厘米见方，用 14 号钢筋在定植行上打孔，孔深以穿透秸秆层为准。见图 24。

（2）定植行间内置秸秆生物反应堆　一般小行高起垄（20 厘米以上）定植。秸秆收获后在大行内开沟，距离植株 15 厘米，沟深

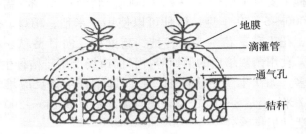

图 24　定植行下内置式生物反应堆示意图

15～20 厘米，长度与行长相等。沟铺放秸秆 20～25 厘米厚，两头露出秸秆 10 厘米，踏实找平。按每行用量撒接一层处理好的菌种，用铁锹拍振一遍，回填所起土壤，厚度 10 厘米左右，并将土整平，浇大水湿透秸秆。4 天后打孔，打孔要求在大行两边靠近作物处，每隔 20 厘米，用 14 号钢筋打一个孔，孔深以穿透秸秆层为准。菌种和秸秆用量可参照定植行下内置式生物反堆。

　　行间内置式反应堆只浇第一次水，以后浇水在小行间按常规进行。管理人员走在大行间，也会踩压出二氧化碳，抬脚就能回进氧气，有利于反应堆效能的发挥。此种内置反应堆，应用时期长，田间管理更常规化，初次使用者更易于掌握。已经定植或初次应用反应堆技术种植者可以选择此种方式。也可以把它作为行下内置反应堆的一种补充措施。见图 25。

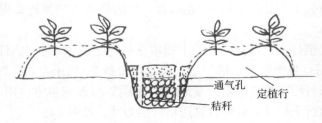

图 25　定植行间内置式生物反应堆示意图

提 示 板

应用内置式秸秆生物反应堆技术，在第一次浇水湿透秸秆的情况下，平时管理要减少浇水次数，且不能浇大水。每次浇水后，都必须重新打孔，以保证氧气的供应和二氧化碳的释放。反应前2个月，浇水时不能冲施化肥、农药，以避免降低反应堆菌种的活性。叶面喷药不受限制。

50. 怎样设置和使用外置式秸秆生物反应堆？

（1）应用方式的选择与物料准备

标准外置式反应堆：为了能一次建造数年使用，提高外置式反应堆的效能，在有电力供应的种植区最好采用此方式。建堆流程见前述。

简易外置式反应堆：只需挖沟，铺设厚农膜，摆放木棍、小水泥杆、竹片或细竹竿做隔离层，砖、水泥砌垒通气道和交换机底座即可投入使用。特点是投资小，建造快，但农膜易破损，反应液易渗漏，通气道易堵塞，使用期短，平均年成本高。

标准外置式秸秆、菌种和辅料的用量：越冬茬作物每亩大棚第1次用秸秆1 500千克、菌种3千克、麦麸60千克；第2、第3次用秸秆2 000~2 500千克、菌种4~5千克、麦麸80~100千克；第4次用秸秆1 000千克、菌种2千克、麦麸40千克。这种标准用量可增产50%以上。

（2）标准外置式反应堆的建造

①放线。在大棚山墙的内侧，离开山墙80~100厘米，南北两侧

各留出 80 厘米，于南北方向画一条长 6～7 米、宽 120～150 厘米的储气池灰线，接南北两侧东西灰线的中间各画一个长 50 厘米、宽 30 厘米回气道灰线，再从储气池灰线中间向棚内画一条长 150 厘米、宽 65 厘米的通气道灰线。

②挖沟。先挖出气道和回气道，后挖储气池。挖好的规格：出气道长 150 厘米×宽 65 厘米×深 50 厘米；回气道长 50 厘米×宽 30 厘米×深 30 厘米；储气池长 6～7 米×口宽 1.2～1.5 米（底宽 0.9～1.1 米）×深 1.2 米。挖土分放四周。

③先建出气道和交换机底座。出气道内径尺寸：长 1.4 米×宽 0.4 米×高 0.4 米，用砖、水泥、沙子砌垒，水泥打底、抹壁。硬化后出气道上盖一块长 1 米、宽 1 米的水泥板，末端 0.4 米×0.4 米口上建一个高 40 厘米、上口内径为 40 厘米的里圆外方的交换底座。建后将挖土分别盖于出气道上和交换底座周围。

④再建回气道：回气道内径尺寸：长 0.5 米×宽 0.2 米×高 0.2 米。单砖水泥砌垒或用管材替代，建后也将挖土回填道上。

⑤后建储气池：内径尺寸：长 6～7 米×深 1.2～1.5 米×上口宽 1.2～1.5 米（底宽 0.9～1.1 米）。先用砖、沙子和水泥砌垒沟四壁，沟上沿变为二四砖封顶，硬化后水泥抹面。最后用农膜铺底，膜上用沙子、水泥打底，待底硬化后在沟上沿每隔 24 厘米横排一根水泥杆（20 厘米宽、10 厘米厚），在水泥杆上每隔 5 厘米纵向固定一根竹竿或竹片，外置堆基础就建好了（图 26）。

⑥上料接种：一般在育苗或定植前 3～5 天，及时备好秸秆、麦麸和菌种。上料方法：每铺放秸秆 40～50 厘米，撒一层菌种，铺放 3～4 层，上料撒完菌种后，盖一层秸秆。上料后先不浇水盖膜，及时开机向堆中循环供氧，促进菌种萌发。经 2～3 天待菌种萌发黏住秸秆后，再淋水浇湿秸秆，水量以下部沟中有一半积水时停止淋水，盖膜保湿（盖膜不宜过严）。第 2 天揭开膜，从堆下储气池中抽液往堆上循环（菌种在水中因缺氧会死亡），连续循环 3 天，如池中水不足还要额外加水。最后把储气池中反应液全部抽出浇地或对 3 倍水喷

图 26　修建储气池

施植株叶片，有显著增产作用。

　　⑦开机供气：开机前 2～3 天
不挂气袋，以减少气袋中的湿度，
此后再连接挂上气袋。外置反应堆
进入正常使用管理，每隔 6～7 天
向堆上补水 1 次。实践证明，从作
物出苗至收获，任何阶段使用外置
式反应堆均有增产作用，用的越早
增产幅度越大（图 27）。

图 27　外置式反应堆

　　（3）外置式反应堆使用与管理　外置式反应堆使用与管理概括
为："三补"和"三用"。

　　补水：水是反应堆反应的重要条件之一。除建堆加水外，以后每
隔 6～7 天向反应堆补 1 次水。如不及时补水会降低反应堆的效能，
致使反应堆中途停止。

　　补气：氧气是反应堆产生二氧化碳的先决条件。随着反应的进
行，反应堆越来越实，通气状况越来越差，反应就越慢。因此，堆上
盖膜不宜过严，靠山墙处留出 10 厘米宽的缝隙；每隔 15～20 天揭膜
1 次，用木棍或钢筋打孔通气，每平方米 5～6 个孔。

　　补料：外置反应堆一般使用 50 天左右，秸秆消耗在 60％以上，
应及时补充秸秆和菌种。补料前用直径 10 厘米尖头木棍打孔通气，
再加秸秆和菌种，浇水湿透后盖膜。第 1 次补料秸秆 1 200～1 500 千

克、菌种 3～4 千克；第 2、第 3 次补料秸秆 2 000～2 500 千克、菌种 4～5 千克、麦麸 80～100 千克。一般越冬茬作物补料 3 次。

用气：上料加水当天要开机，作物生长期内不分阴天、晴天，坚持白天开机不间断。苗期每天开机 5～6 小时，开花期 7～8 小时，结果期每天 10 小时以上。研究表明：在充足二氧化碳供应下，可增产 50％以上。尤其是 11 时至 15 时不停机，增产幅度更大。

用液：为使反应液不占用储气池的空间，多存二氧化碳，以防液体中酶、孢子活性降低，每次补水池中的反应液应及时抽出使用。可结合每次田间浇水冲施，或按 1 份液对 3 份的水喷施植株和叶片，每月 3～4 次，增产明显。试验表明，反应液可增产 20％～25％。

用渣：秸秆在反应堆中转化的同时，分解出大量的矿质元素，除溶解于反应液中，也积留在陈渣中。将外置式反应堆清理出的陈渣，收集堆积起来，盖膜继续腐烂成粉状物，在下茬育苗、定植时作为基质配合疫苗穴施或普施，不仅替代了化肥，而且对苗期生长、防治病虫害有显著作用。试验表明，反应堆陈渣可增产 15％～20％。

（4）田间管理与注意事项

草帘管理：由于具有反应堆棚室的地温、棚温较高，为防止徒长和延长光合作用时间，与常规栽培相比，揭帘要早，百米能看清人时就拉草帘。盖帘要晚，晴天下午棚温降至 17～18℃，阴天降至 15～16℃时盖帘。

加强通风排湿：为提高光合作用，降低湿度，预防病虫害，应用反应堆的大棚，放风口应比常规开口时间早、开口大。一般棚温 28℃时开始放风，风口要比常规的大 1/4～1/3；温度降至 24～26℃时关闭风口。

去老叶：对不同品种去老叶方法不同。黄瓜要保证瓜下有 6～7 片叶；番茄、甜瓜、辣椒等要保证果下有 8 片叶，多余叶片可打掉。每天打老叶的时间安排在日出后一个半小时，否则减产严重。

留果数量：应比常规多 20％～30％。

病虫防治：应用该技术前 3 年的大棚，一般不见病不用药，外来虫害可用化学农药无公害防治。

　　阴雨天后草帘管理：连续阴雨后揭草帘时不要一次全部揭开，要遮花荫。

　　预防人为传播病虫害：防止人为传播线虫导致病害发生。每一个种植户管理大棚，棚内需要准备4～5双替换鞋和塑料袋，管理人员进出大棚要换鞋，参观人员进棚前鞋上要套塑料袋，以防带进线虫。

　　禁用激素：激素易使植物器官畸形，尤其是叶片畸形后气孔不能正常开闭，直接影响二氧化碳吸收、光合作用和产量的形成。

　　（5）适宜区域　全国秸秆资源丰富的地方都可应用该技术。

提　示　板

　　外置式秸秆应用效果：

　　生长表现：苗期：早发，生长快，主茎粗，节间短，叶片大而厚，开花早，病虫害少，抗御自然灾害能力强。中期：长势强壮，坐果率高，果实膨大快，个头大，畸形少，上市期提前10～15天。后期：越长越旺，连续结果能力强，收获期延长30～45天，果树晚落叶20天左右。重茬障碍、病虫害泛滥等问题得到解决，改变了过去一年好，二年平，三年连种就不行的难题。

　　产量表现：蔬菜不同品种一般增产50%以上。

　　品质表现：果实整齐度、商品率、色泽、含糖量、香味及香气质量显著提高；产品亚硝酸盐含量、农药残留量显著下降或消失，是一项典型的有机栽培技术。

　　投入产出比：温室瓜果菜类为1:14～16；大拱棚瓜果菜类为1:8～12；小拱棚瓜果菜为1:5～8；露地栽培瓜菜为1:4～5。

　　降低生产成本：温室每亩减少3 500～4 500元；大棚每亩减少1 500～2 500元；小拱棚每亩减少500～1 000元。

第三部分　栽培技术

51. 无公害黄瓜周年生产的茬次怎样安排?

　　　　　　　长江流域及其以南地区无霜期长,一年四季均可栽培黄瓜。夏秋季以露地栽培为主,冬春季节多利用塑料大、中棚等设施进行保护栽培。北方地区无霜期短,黄瓜除夏季可在露地栽培外,充分利用塑料大、中、小棚和日光温室进行提前、延后和越冬栽培,可实现黄瓜的周年生产和均衡供应。我国主要城市露地黄瓜栽培季节见表19,北方地区设施黄瓜栽培基本茬次见表20。

表19　我国主要城市露地黄瓜栽培季节和茬次

地　区	栽培茬次	播种期（月/旬）	定植期（月/旬）	收获期（月/旬）
哈尔滨、呼和浩特	春茬	4/上～4/下	6/上～6/下	6/下～8/上
沈阳、太原、乌鲁木齐	春茬 秋茬	3/下～4/上 6/中～7/上	5/中～5/下 直播	6/上～7/中 8/上～9/上
北京、济南、郑州、西安	春茬 秋茬	3/上～4/上 6/中～7/下	4/下～5/中 直播	5/中～7/中 7/下～9/下

（续）

地 区	栽培茬次	播种期（月/旬）	定植期（月/旬）	收获期（月/旬）
上海、南京、武汉、重庆	春茬	2/下~3/上	4/上~4/下	4/下~6/下
	夏茬	5/下~6/中	直播	7/上~8/下
	秋茬	7/下~8/上	直播	9/上~10/下
广州、海南、南宁	越冬茬	12/下~1/上	2/下~3/上	3~4
	春茬	2/下~3/上	直播	5~6
	夏茬	4~6	直播	6~9
	秋茬	8~9	直播	10~12
	冬茬	10/上	直播	12月至翌年1月

表20 北方地区设施黄瓜栽培基本茬次

茬 次	播种期（月/旬）	定植期（月/旬）	产品供应期（月/旬）
塑料大棚春早熟	2/上中~3/上	3/中下	4/下~7/下
春季小拱棚短期覆盖	3/上	4/中下	5/中下
塑料大棚秋延后	7/上中	7/下~8/上	9/上~10/下
日光温室早春茬	12/下~1/上	2/上中	3/上中~6/上中
日光温室秋冬茬	8/中下~9/上	9/中下	10/中下~1/上
日光温室越冬茬	10/下~11/上	11/上~12/上	1/中下~6/下

注：栽培季节的确定以北纬32°~43°地区为依据。

提 示 板

黄瓜是典型的喜温植物，生长发育的温度范围为10~32℃，最适宜温度为24℃。温度低于10℃，各种生理活动都会受到影响，甚至停止，−2~0℃为冻死温度。

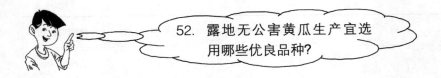

52. 露地无公害黄瓜生产宜选
用哪些优良品种?

（1）津春4号　天津黄瓜研究所育成的一代杂交种。植株生长势强，株高2～2.4米，分枝多。主蔓结瓜为主，侧蔓亦有结瓜能力，并有回头瓜。瓜长棒型，瓜色深绿有光泽，白刺、棱瘤明显。瓜条长30厘米，单瓜重200克，腔心小于瓜粗的1/2，瓜把约为瓜长的1/7。瓜肉厚，质脆，味清香，品质佳。抗霜霉病、白粉病和枯萎病能力强。一般每667米²产5 500千克，适于我国各地推广。

（2）津春5号　天津黄瓜研究所育成。生长势强，主蔓、侧蔓同时结瓜。早熟，春露地栽培第一雌花节位5节左右，秋季栽培第一雌花节位7节左右。兼抗霜霉病、白粉病、枯萎病，尤其是在多年连茬地表现明显的抗病优势。瓜条深绿色，刺瘤中等，瓜条顺直33厘米，横径3厘米，口感脆嫩，商品性状好，667米²产量4 000～5 000千克，可用于加工出品符合外贸要求，腌制出菜率达56%，是加工鲜食兼用的优良品种。该品种适合早春小拱棚、春夏露地及秋延后栽培。

（3）津优4号　天津黄瓜研究所育成。植株紧凑，长势强，主蔓结瓜为主，雌花率40%左右，回头瓜多，侧蔓结瓜后自封顶，较适于密植。耐热性好，在32～34℃高温下生长正常。春季露地栽培可延长收获期，秋天种植可提前播种，获得较高的产量和经济效益。商品性好，瓜条顺直，长35厘米，瓜色深绿，有光泽，刺瘤明显，白刺，单果重200～250克。每667米²产量5 500千克。抗病性强，抗霜霉病、枯萎病、白粉病，是露地栽培的黄瓜优良品种。

（4）津优6号　天津黄瓜研究所育成。植株生长势强，主蔓结瓜为主，春季栽培第一雌花着生于第四节左右，雌花节率50％左右。瓜条顺直，刺稀少，无瘤，有利于清洗并减少农药的残留。商品性好，瓜条长30厘米，单果重150克，果肉淡绿色，口感好，果实货架期长，非常适合包装在超市销售，是适合包装和鲜食的优良品种。早熟性好，高产，对枯萎病、霜霉病、白粉病的抗性强，适合华北地区春、秋露地栽培以及春、秋大棚栽培。

（5）津绿4号　天津黄瓜研究所育成。植株紧凑，长势强，主蔓结瓜为主，雌花节率40％，回头瓜多，侧蔓结瓜后自封顶，较适宜密植。耐热性好，在34～36℃高温下生长正常。春露地栽培可延长收获期，秋季栽培可提前播种，能获得较高的产量和经济效益。商品性好，瓜条顺直，长35厘米，瓜色深绿，光泽明显，刺瘤明显，白刺，单果重250克，每667米²产量5 500千克。抗枯萎病、霜霉病、白粉病，具有较好的稳产性能，是露地种植的首选新品种。

（6）郑黄3号　郑州市蔬菜研究所育成的一代杂种。该品种植株生长势强，中早熟，以主蔓结果为主，第一雌花着生在第3～4节。节成性好，坐果率高。瓜条长棒状，长约40厘米，横径3.0厘米，平均单果重250克。瓜皮深绿色而有光泽，刺瘤小，突起不明显，果脐部无黄色条纹，肉质脆甜，品质和商品性佳，平均每667米²产量为5 500千克。耐热性强，抗逆性好，田间表现抗霜霉病、枯萎病和白粉病，适合春小拱棚和春、秋、夏露地栽培

（7）中农8号　中国农业科学院蔬菜花卉研究所育成。生长势强，主、侧蔓结瓜。第一雌花着生在主蔓第4～7节，每隔3～5片叶出现一雌花，瓜长棒形，瓜色深绿、有光泽，无花纹，瘤小，刺密，白色，无棱，瓜长35～40厘米，横径3～3.5厘米，单瓜重150～200克，瓜把短，质脆，味甜，品质佳，商品性好。中熟，抗霜霉病、白粉病、炭疽病、黄瓜花叶病毒病、西葫芦花叶病毒病。适宜露地或秋延后栽培，也可作加工品种用。667米²产量5 000千克以上。

适于北京、河北及河南等地春露地栽培。

(8) 中农16 中国农业科学院蔬菜花卉研究所育成。中早熟品种，植株生长速度快，结瓜集中，主蔓结瓜为主，第一雌花始于主蔓第3～4节，每隔2～3片叶出现1～3节雌花，瓜码较密。瓜条长棒形，商品性及品质极佳，瓜长30厘米，瓜把短，瓜色深绿，有光泽，白刺，刺密，瘤小，单瓜重150～200克，口感脆甜。从播种到始收52天，前期产量高，丰产性好，每667米² 春露地产量6 000千克以上，秋棚产量4 000千克以上。抗霜霉病、白粉病、黑星病、枯萎病等多种病害。

(9) 中农20 中国农业科学院蔬菜花卉研究所育成的抗病、丰产、耐热黄瓜新品种。该品种植株生长势强，分枝中等，以主蔓结瓜为主，早春栽培第一雌花始于主蔓第5～7节，连续坐瓜能力强。瓜色深绿，腰瓜长约35厘米，把长小于瓜长的1/8，瓜粗3.4厘米左右，商品瓜率高。白刺、刺瘤密、瘤小、无棱、微纹，口感脆甜。丰产优势明显，早春露地栽培，667米² 产量可达1万千克以上。抗霜霉病、白粉病、病毒病等病害。

(10) 津杂2号 天津黄瓜研究所育成。植株生长势较强。叶片中等，深绿色，有伸蔓4～6条，主蔓先结瓜，第一雌花多发生在3～4节上，侧蔓瓜较多，生长期150天左右。瓜条棍棒形，深绿色，白刺，棱瘤较明显，瓜长37.6厘米，横径3.6厘米，单瓜重0.2千克，瓜头有黄色条纹，抗苦味性强，皮薄甜脆，品质好。适宜大中小棚栽培，也适宜春季地膜覆盖露地及秋露地栽培，667米² 产7 500～10 000千克。

(11) 津研7号 天津黄瓜研究所育成。植株生长势强，叶片大，有侧蔓3～5条（多着生在中上部）。瓜条长棒形，长38厘米，横径4厘米，单瓜重300克左右。瓜把长5厘米，瓜皮绿色，刺瘤稀，白刺，无棱，瓜条顶部有10条黄色条纹，肉质脆，品质中等。晚熟，耐热性好，在35℃以上高温条件下能正常生长，同时也较耐涝。抗霜霉病、白粉病、枯萎病，但不宜在黄瓜疫病重的地块栽培。适于春、夏、秋露地栽培及秋延后栽培，667 米² 产 5 000 千克以上。

（12）京旭 2 号 北京市农林科学院蔬菜研究中心育成的一代杂种。植株生长势强，叶色深绿。主、侧蔓结果，侧枝 4～6 个。第一雌花着生在第 8～10 叶节。瓜长棒形，长 35 厘米，横径 3～4 厘米，瓜把短，瓜深绿色，棱、刺适中，肉厚、质脆，品质佳。中晚熟，抗霜霉病、白粉病和病毒病，耐疫病。每 667 米² 产量 2 000～3 000 千克。适宜华北地区秋露地及塑料大棚秋延后栽培。

（13）园丰元 6 号 山西夏县园丰元蔬菜研究所育成的一代杂种。中早熟，长势强，主、侧蔓结瓜，雌花率高，瓜条直顺，深绿色，有光泽，瓜长 35 厘米，白刺，刺瘤较密，瓜把短，品质优良，产量高，667 米² 产 5 000 千克。适宜春、夏、秋栽培。

（14）中农 106 中国农业科学院蔬菜花卉研究所育成的中熟品种。生长势强，分枝中等。主蔓结瓜为主，早春栽培第一雌花位于主蔓第 5 节以上。瓜皮深绿色，腰瓜长 35 厘米以上，瓜把长小于瓜长的 1/8，心腔小，商品瓜率 90% 左右。刺瘤密，白刺，瘤小，无棱，少纹，口感脆甜。高抗黄化花叶病毒，抗西瓜花叶病毒、黄瓜花叶病毒、白粉病、角斑病、枯萎病，中抗霜霉病。耐热，每 667 米² 产量最高可达 10 000 千克，适宜春、夏、秋露地栽培。

（15）吉杂 4 号 吉林省蔬菜花卉研究所育成，为露地栽培早熟旱黄瓜一代杂交种。植株高大，生长势强，叶片肥大，叶色鲜绿。分枝性中等，以主蔓结瓜为主，第一雌花节位 4～5 节，瓜码较密，单株结果 6 个左右。收期集中，果实整齐一致，无畸形瓜。瓜呈棒状，表面光滑，果顶圆形。刺黑色，较稀，刺瘤低。果长 25 厘米左右，果粗 4～5 厘米。果皮淡绿色，果肩深绿色，色泽鲜嫩，耐老化，瓜条匀直，商品性好。果皮薄，果肉厚，肉色白绿，肉质细脆，味甜，有香气。单果瓜重 250～350 克。抗病性强，兼抗枯萎、炭疽、角斑等多种病害。平均 667 米² 产 3 000 千克左右。

（16）吉杂 8 号　吉林省蔬菜花卉研究所育成。植株生长势强，叶片肥大，分枝性弱，以主蔓结瓜为主，熟性较早，节成性好。果形呈棒状，果皮黄白色，果肩绿色，果肉厚，果皮薄，果面光滑，黑刺较稀疏，刺瘤低。果长 18～20 厘米，横径 4～5 厘米，单瓜重 180 克左右，单株结瓜 5 个左右。品质佳，肉质细脆，风味清香，商品性状优良。生育期 55 天，第一雌花节位 4 节，667 米^2 产量 3 000 千克以上，抗霜霉病能力强。

（17）龙园绿春　黑龙江省农科院园艺分院黄瓜育种研究室育成的旱黄瓜新品种。植株蔓生，节间短，生长势中等，主、侧蔓均结瓜。第一雌花一般着生在主蔓 2～4 节，结瓜数多，瓜条易膨大，单性结实能力强，前期产量突出。瓜长 20 厘米左右，皮色翠绿，有自然光泽，瓜条顺直，白刺稀少，皮色耐老，商品性好。抗枯萎病、霜霉病等。适宜在春露地及春大棚栽培，667 米^2 产量为 5 000 千克左右。

（18）龙园绣春　黑龙江省农科院园艺分院黄瓜育种研究室育成的旱黄瓜新品种。植株长势中等，主、侧蔓均结瓜，第一雌花着生在 3～5 节，瓜条膨大速度快，瓜长 22 厘米左右，瓜条顺直。皮色嫩绿，有绿色光泽，白刺稀少，耐老，果肉脆嫩，清香味浓，商品性好。营养品质好，维生素 C 含量高，高抗枯萎病，兼抗霜霉病。耐寒性较好，早熟，丰产。

提　示　板

　　露地春夏栽培宜选用早中熟的水黄瓜（华北型）品种，如津春 4 号、津春 5 号、郑黄 3 号、中农 16 等；露地夏秋栽培宜选用中晚熟的水黄瓜或旱黄瓜（华南型）品种，如津研 7 号、京旭 2 号、吉杂 4 号、龙园绿春等。

（1）津优 30　天津科润黄瓜研究所选育的黄瓜品种。该品种早期产量较高，越冬茬栽培，前期产量明显高于其他品种。该品种瓜码密，雌花节率40％以上，化瓜率低。连续结瓜能力强，有的节位可以同时或顺序结 2～3 条瓜。瓜条性状优良，瓜条长 35 厘米左右，瓜把较短，在 5 厘米以内。即使在严寒的冬季，瓜条长度也可达 25 厘米左右。瓜条刺密、瘤明显，便于长途运输。此外，该品种畸形少，有光泽、质脆、味甜、品质优。高抗枯萎病，抗霜霉病、白粉病和角斑病。该品种耐低温、耐弱光能力极强，可以在温室内温度 6℃时正常生长发育，短时 0℃低温不会造成植株死亡。在连续阴雨 10 天，平均光照强度不足 6 000 勒克斯时仍能够收获果实。是日光温室越冬栽培和冬春茬栽培的优良品种。

（2）津优 35　天津科润黄瓜研究所育成。植株长势中等，叶片中等大小，主蔓结瓜为主，瓜码密，回头瓜多，瓜条生长速度快。早熟性好，耐低温、弱光能力强。抗霜霉病、白粉病、枯萎病。瓜条顺直，皮色深绿，光泽度好，瓜把短、刺密、无棱、瘤小。腰瓜长 34 厘米左右。不化瓜、不弯瓜，畸形瓜率低。单瓜重 200 克左右。果肉淡绿色，商品性佳。生长期长，不易早衰。适宜日光温室越冬茬及早春茬栽培。

（3）津优 36　天津科润黄瓜研究所育成。该品种植株生长势强，叶片大，主蔓结瓜为主，瓜码密，回头瓜多，瓜条生长速度快。早熟，抗霜霉病、白粉病、枯萎病，耐低温、弱光能力强。瓜条顺直，皮色深绿，有光泽，瓜把短，腔小，刺瘤适中。腰瓜长 32 厘米左右。畸形瓜率低，单瓜重 200 克左右，适宜日光温室越冬茬及早春茬栽培。

（4）博美 69-2　天津德瑞特种业公司推出的杂交一代黄瓜新品种。植株长势强，叶片中等大小，叶色深绿，主蔓结瓜为主，瓜码密，膨瓜快，前期下瓜早。瓜把短，刺密，瓜条棒状，深绿色，瓜长 37 厘米左右。其突出特点是生长前期、中期、后期瓜形美观，畸形瓜少，商品性好，产量均匀稳定，总产量高。耐低温、耐弱光，抗霜霉病、白粉病，不封顶，不歇茬，667 米² 产量可达 25 000 千克以上。

（5）博美 70　天津德瑞特种业公司推出的杂交一代黄瓜新品种。该品种长势强，茎秆粗壮，叶色深绿，叶片中等偏小，高光效，瓜码密，瓜条油亮，膨瓜速度快，连续结瓜能力强，产量高。瓜条长 32 厘米左右，果肉淡绿色，腔小肉厚，质密清香，脆嫩微甜，口感好。抗霜霉病、白粉病、枯萎病和黄点病。适合越冬温室和早春温室栽培，产量最高可达 27 500 千克。

（6）中农 13　中国农业科学院蔬菜花卉研究所育成的雌型三交种。该品种植株生长势强，叶色深绿，叶片中等大小，主蔓结瓜为主，侧枝短。雌株率 50%～80%，雌株第一雌花始于主蔓第 2～3 节，以后节节雌花，普通株第一雌花始于主蔓第 3～4 节。腰瓜长 30～35 厘米，瓜色深绿、均匀，富有光泽，果面无黄色条纹，瘤小，白刺密，无棱，瓜把短，腔小，肉厚，质脆、味甜、清香。耐低温、弱光性强，早熟，坐瓜节位低、集中；一般第 3～6 节同时坐瓜 2～3 条，因而前期产量高。高抗黑星病，抗枯萎病、疫病和细菌性角斑病、耐霜霉病。适于日光温室栽培。

（7）中农 21　中国农业科学院蔬菜花卉研究所最新育成的日光温室越冬专用品种。生长势强，主蔓结瓜为主，第一雌花始于主蔓第 4～6 节。早熟性好，从播种到始收 55 天左右。瓜长棒形，瓜色深绿，瘤小，白刺、密，瓜长 35 厘米左右，瓜粗 3 厘米左右，单瓜重约 200 克，商品瓜率高。抗枯萎病、黑星病、细菌性角斑病、白粉病等病害。耐低温弱光能力强，在夜间 10～12℃ 下，植株能正常生长发育。适宜长季节栽培，周年生产 667 米² 产量达 10 000 千克以上。

（8）中农 27　中国农业科学院蔬菜花卉研究所育成的保护地专

用黄瓜品种，为中晚熟杂交种。生长势强，分枝强，叶色深绿、均匀。主蔓结果为主，回头瓜多。早春第一雌花始于主蔓第 3～4 节，节成性高。瓜色深绿，腰瓜长 30～35 厘米，瓜把短，瓜粗 3.3 厘米左右，腔小，果肉绿色，商品瓜率高。刺瘤密，白刺，瘤小，无棱，微纹，质脆味甜。抗病性强，抗角斑病、枯萎病、霜霉病，耐白粉病等。持续结果及耐低温弱光、耐高温能力突出。丰产优势明显，每 667 米² 可产 1.5 万千克。最适宜日光温室越冬长季节栽培，也适合秋冬茬、越冬茬日光温室栽培。

（9）津美 2 号 天津科润黄瓜研究所育成。为雌性系品种，植株生长势强，叶片较大，浅绿色。在低温（8～10℃）、弱光（8 000 勒克斯）条件下能够正常开花结果，且瓜条生长速度快。瓜长 14 厘米左右，横径 2.7 厘米，瓜条绿色，光滑、有光泽，皮薄，口感甜脆，单瓜质量 80 克左右，每 667 米² 产量 4 500 千克左右。抗霜霉病、白粉病，中抗枯萎病，适合日光温室越冬栽培。

（10）春光 2 号 中国农业大学园艺系育成的水果型黄瓜新品种。强雌性，优质抗病，属保护地专用品种，综合性状良好。植株生长势强，以主蔓结瓜为主，根瓜出现在 4～5 节，雌花节率高，单性结实，持续结瓜能力强，可多个瓜同时生长，且在规范管理条件下，几乎节节有瓜。瓜长约 20 厘米，横径约 3 厘米，单瓜质量 120 克左右。瓜条顺直，果肉厚，果面光滑无刺或略有隐刺（其在温度过低，瓜条发育速度慢的情况下，隐刺较为明显），皮色亮绿，质地脆嫩，口感香甜，适于鲜食。耐低温、弱光照能力强，在特殊寒冬条件下（温室夜间温度在 10℃左右），比其他品种日生长量大，生育正常，不易出现"花打顶"现象，是日光温室冬茬栽培的理想品种。高抗枯萎病，较耐霜霉病等病害。

（11）中农 19 中国农业科学院蔬菜花卉研究所最新推出光滑水果型雌型杂种一代。植株长势和分枝性极强，顶端优势突出，节间短粗。第一雌花始于主蔓 1～2 节，其后节节为雌花，连续坐果能力强。瓜短筒形，瓜色亮绿一致，无花纹，果面光滑，易清洗。瓜长 15～

20 厘米，单瓜重约 100 克，口感脆甜，不含苦味素，富含维生素和矿物质。丰产，每 667 米² 产量最高可达 10 000 千克以上。抗枯萎病、黑星病、霜霉病和白粉病等。具有较强的耐低温弱光能力。

（12）京研迷你 2 号　国家蔬菜工程技术研究中心育成的光滑无刺型短黄瓜杂交一代。适宜全国范围内周年保护地种植，全雌性，每节 1～2 瓜，瓜长 12 厘米，心室小，色泽亮绿，浅棱，味脆甜，适宜鲜食。抗白粉病、霜霉病等真菌性病害，耐细菌性角斑病及枯萎病。生产中注意严格防蚜虫及白粉虱，采用纱网封严温室或大棚通风口等方法，以免感染病毒病。

（13）京研迷你 1 号　国家蔬菜工程技术研究中心育成的光滑无刺型短黄瓜杂交一代。适宜全国范围的周年保护地种植，全雌性，每节 1～2 瓜，瓜长 10 厘米，心室小，色泽亮绿，浅棱，味脆甜，适宜鲜食。抗白粉病、霜霉病等真菌性病害，耐细菌性角斑病及枯萎病。生产中注意严格防蚜虫及白粉虱，采用纱网封严温室或大棚通风口等方法，以免感染病毒病。

（14）中农 1101　中国农业科学院蔬菜花卉研究所育成。中晚熟，植株长势较强，主蔓结瓜为主，侧枝 2～3 条。第一雌花着生在主蔓第五节，以后节节有瓜。瓜色深绿，瓜长 35 厘米左右，单果重 200 克，刺瘤适中，刺浅黄色，肉质脆甜。抗霜霉病、白粉病、炭疽病，耐疫病。适合日光温室秋冬茬和大棚秋延后栽培。

（15）津优 5 号　天津黄瓜研究所育成。植株生长势强，茎粗壮，叶片中等大小，叶色深绿，分枝性中等，以主蔓结瓜为主，瓜码密，回头瓜多。瓜条棒状，深绿色，有光泽，棱瘤明显，白刺，把短，品质佳，腰瓜长 35 厘米，单果质量 200 克左右。早春种植第一雌花节位 4～5 节，从播种到采收 65～70 天。单性结实能力强，瓜条生长速度快，从开花到采收比长春密刺早 3～4 天。抗霜霉病、白粉病、枯萎病能力强。耐低温弱光，并具有一定的耐热性能。

（16）农大秋棚 2 号　中国农业大学育成的适合春夏露地栽培和保护地秋延后栽培的杂种一代。具有生长势强，抗病、抗逆性强，瓜形好，品质优良等特点。主蔓第一雌花（根瓜）一般出现在 6～8 节，雌花节率 25%～30%。植株出现短杈，其结瓜性好，可多条瓜同时增大。平均瓜长 35～40 厘米，单瓜重 300～400 克，瓜形端直，皮色深绿，瓜头部无明显黄线，轻棱，刺瘤密，果肉厚，质地脆，风味好。

（17）津优 12　天津科润黄瓜研究所最新育成的杂交一代黄瓜新品种。该品种植株生长旺盛，叶片中等、深绿色。主蔓结瓜为主，侧枝少且侧枝第一节就结瓜，回头瓜多。早熟性好，瓜码较密，产量高。抗病性强，兼抗白粉病、枯萎病、霜霉病三种病害。商品性好，瓜条顺直，瓜色深绿，有光泽，长 35 厘米左右，有棱，瘤明显。果肉淡绿色，质脆、味甜、品质优，维生素 C 含量高，可溶性糖含量 1.89%，不易形成畸形瓜。适宜春露地及秋延后大棚栽培。

（18）中农 14　中国农业科学院蔬菜花卉研究所育成，中熟一代杂种。植株生长势强，叶深绿，主、侧蔓结瓜。瓜色绿，有光泽，瓜长棒形，瓜长 35 厘米左右，瓜粗约 3 厘米，腔小，单瓜重约 200 克，瓜把较短，瓜面基本无黄色条纹，刺较密，瘤小，肉质脆甜，抗多种病害，田间表现抗白粉病和黄瓜叶病毒病。中熟，从播种到始收 55～60 天。丰产，春露地平均产量每 667 米² 5 000～5 500 千克，秋棚平均产量每 667 米² 2 500～3 000 千克。

提 示 板

　　温室大棚越冬栽培和春提早栽培宜选择耐低温弱光的华北型黄瓜品种如津优 35、津优 36、博美 69-2、博美 70、博耐 50、中农 13 等，或欧美型水果黄瓜品种如农大春光 2 号、中农 19、津美 2 号等。温室秋冬茬则宜选择苗期较耐高温强光，结瓜期较耐低温弱光的品种，如中农 1101、津优 5 号、农大秋棚 2 号、津优 12 等品种。

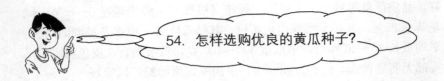

54. 怎样选购优良的黄瓜种子？

优良的黄瓜种子应具备优良品种特性和品种纯度，不混有其他品种的种子、杂草种子、泥土和虫卵等杂质。种子充分成熟，籽粒饱满，千粒重高，外形整齐，不混有细小籽粒、秕籽及破损种子，且种子生活力强、发芽率高、发芽势强。种子的发芽率，指每 100 粒种子的发芽粒数，可用下式计算：

种子发芽率＝发芽的种子粒数/供试用的种子粒数×100％

发芽势用以表示种子发芽的快慢和是否整齐。它以短时间内（黄瓜规定天数为 2 天）发芽种子的粒数来表示。发芽势可用下列公式计算：

种子发芽势＝在规定的天数内发芽的种子粒数/

供试用的种子粒数×100％

发芽率高和发芽势强，是优良种子必须具备的条件之一。播种前测定种子的发芽率和发芽势，还可为用种量提供依据，并防止因发芽率低，播种后造成损失。

选购时应问清种子来源、种子产地和生产年限。对已封装的种子，大量购买时要抽样拆包查看其外表、形状、大小、光泽、颜色等。新的黄瓜种子表皮有光泽，为乳白色或白色，种仁含油分，有香味，尖端的毛刺较尖，将手插入种子袋内，拿出时手上往往挂有种子；陈种子表皮无光泽，常有黄斑，顶端的刺钝而脆，用手插入种子袋再拿出来，种子往往不挂在手上。对包装袋主要看是否为正规育种和生产单位生产，并要辨识真伪包装袋。种子购回后在播种前最好进行种子发芽试验，达到所要求的发芽率时，才能正式播种生产。

提 示 板

规范的种子包装标识，应当包括以下内容：作物种类、品种名称、质量指标、净含量、生产年月、生产商名称、地址、联系方式；农作物种子经营许可证编号；植物检疫证编号；生产许可证编号。

55. 怎样确定播种量和播种面积？

播种量是指种植一定面积的黄瓜在育苗时的用种量。播种量是由定植密度、每克种子粒数、安全系数（出苗数与定植数的比值）、种子使用价值（种子净度×品种纯度×发芽率）、有效出苗率等因素决定的。可根据下列公式计算：

$$播种量（克）=\frac{定植株数×成苗安全系数}{每克种子粒数×有效出苗率×种子使用价值}$$

例如占地 667 米² 的塑料大棚需定植黄瓜 4 000 株，黄瓜千粒重为 25 克左右，即每克种子 40 粒，成苗安全系数为 1.2，有效出苗率为 90%，种子使用价值为 90%，计算其种子用量为：

$$播种量=\frac{4\ 000×1.2}{40×90\%×90\%}=148（克）$$

苗床的播种面积取决于种子发芽率、幼苗在播种床内的生长时间长短、幼苗叶片的开张度和生长速度。原则上既要防止播种过密，以致幼苗生长细弱、徒长，又要充分利用苗床土地设备，减少铺设温床、配制营养土、扣小拱棚等设施上的投资和用工。

播种床面积（米^2）$= \dfrac{\text{播种量（克）} \times \text{每克种子粒数} \times \text{每粒种子所占面积（厘米}^2）}{10\,000}$

其中，黄瓜每粒种子所占面积可取 4 厘米^2，采用催芽后点播或撒播，种植 667 米^2 大棚需播种床 2.5～3 米^2。

分苗床面积（米^2）$= \dfrac{\text{分苗总株数} \times \text{每株营养面积（厘米}^2）}{10\,000}$

黄瓜每株营养面积为 10 厘米×10 厘米，则种植 667 米^2 大棚育苗 4 000 株，需分苗苗床 40～50 米^2。

提 示 板

黄瓜常规育苗需采用营养钵或营养土块护根育苗，苗龄 30~55 天，所需营养面积较大。应提前准备好足够的分苗苗床。

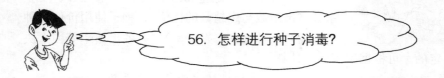

56. 怎样进行种子消毒?

专家解答

种子是传播蔬菜病原菌最重要的途径之一，种子带有的病菌可以直接侵染种芽和幼苗，造成毁种死苗，并且为后期发病提供菌源，是引起蔬菜田间发病的祸根。病原菌包括真菌、细菌和病毒，这些病原体以孢子、菌丝体、菌体等形式混杂于种子中间、附着于种子表面，甚至潜伏于种皮组织内或胚内。因此，种子播前消毒是减少病害传播、预防田间病害发生的一项必不可少的措施。由于种子处理用药量很少，而且离黄瓜收获期时间长，几乎不存在农药残留的问题，因此也是生产无公害蔬菜提倡使用的一项重要的措施。种子消毒方法有以下几种：

（1）温汤浸种　把种子投入到其体积 5 倍左右的 55～60℃的热水中浸烫，并按一个方向不断搅动，使种子受热均匀。保持恒温15～30 分钟，处理过程中要随时添加热水并不断搅动。待水温降至室温时，停止搅动，转入常规浸种催芽。温汤浸种要严格掌握水温和烫种时间，才能达到既杀死病菌又不烫伤种子的目的。

（2）干热处理　种子摊开平铺在较薄的容器上，置于 70℃左右的高温下干热消毒一定时间，以达到杀死种子内外病菌的目的。例如黄瓜干种子在 70℃条件下干热处理 72 小时，几乎能杀死种子内外所有的病原菌。但应注意在干热处理前一定要将种子晒干，否则会杀死种子。

（3）药剂拌种　就是用干燥的药粉与干燥的种子在播前混合搅拌，使每粒种子都均匀地黏附上药粉，形成药衣，有杀死附着于种子表面的病菌和防止土壤中病菌侵染的作用。拌种药剂和种子必须都是干燥的，否则会引起药害和影响种子蘸药的均匀度。用药量一般为种子重量的 0.2％～0.5％，由于用药量很少，必须用天平精确称量。拌种时把种子放到罐头瓶内，加入药剂，加盖后摇动 5 分钟，使药粉充分且均匀地黏在种子表面。拌种常用药剂有克菌丹、敌克松、多菌灵、福美双等。例如用种子重量 0.3％的 50％多菌灵可湿性粉剂拌种，可防治黄瓜根腐病、黑斑病、枯萎病和黑星病等。

（4）药剂浸种　用药剂溶液浸渍种子，使之吸收药液，经一定时间后取出，用清水洗涤干净，然后晾干催芽或直接播种。浸种必须严格掌握药液浓度、浸种时间、药液温度等，否则将会影响药效或出现药害。浸种药液必须是溶液或乳浊液，不能用悬浮液。药液用量一般为种子体积的 2 倍左右。常用药剂有多菌灵、托布津、福尔马林、磷酸三钠等。用此法处理种子，药剂可渗入种子内部，所以能够杀死种子内部病菌。例如 72.2％普力克水剂 800 倍液或 25％甲霜灵可湿性粉剂 800 倍液浸种 30 分钟，可防治黄瓜疫病；冰醋酸 100 倍液浸种30 分钟或 50％福美双可湿性粉剂 500 倍液浸种 20 分钟可防治黄瓜炭疽病、蔓枯病。

提 示 板

种衣剂中包含杀灭种传病害和地下害虫的杀菌剂、杀虫剂，以及能促进种子发芽和黄瓜生长的微量元素肥料和植物生长调节剂。现在部分商品种子在出厂前已经包衣，使用这样的种子不需要再进行消毒处理。

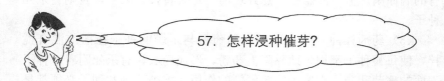

57. 怎样浸种催芽？

（1）浸种　浸种容器事先要洗刷干净，不得混有油、酸、碱等物质。黄瓜浸种通常用25～30℃的温水在25～30℃的适温条件下浸种4～6小时。浸种时间不足或过长都将影响种子萌发，原则上是使种子吸足水分但不过量。黄瓜的吸水量应达到种子干重的50％～60％。浸种完毕后，应用手搓洗干净种皮上的黏液，清除发芽抑制物质，漂去杂质及瘪籽，并用清水冲洗干净，然后在适宜温度下催芽。

（2）催芽　将浸种完毕的种子用洁净的湿纱布包好、甩干，四周裹以拧干的湿毛巾，防止水分蒸发而烙干种子，然后放在干净容器中，置于适温下催芽。也可用淘洗干净的湿沙与种子以1～1.5∶1的比例拌和均匀，然后装在容器里，盖上毛巾等覆盖物保湿，置于适温下催芽。催芽期间要掌握好温、湿度和通气条件，黄瓜催芽温度应控制在25～28℃，没有恒温箱的要在催芽容器内插一支温度计，经常检查温度。另外，催芽时一定要注意将种子包摊平，还要经常翻动种子，且每天用温水投洗1～2次，以散发呼吸热，排除二氧化碳，供给新鲜氧气。每次投洗的后要甩干种子，然后继续催芽，以免水分过多引起腐烂。适宜温度下，黄瓜 16～20 小时即可出芽。

提 示 板

　　种子萌发需要适宜温度、足够的水分和充足的氧气三个必要条件。因此，黄瓜催芽处理时禁止用塑料袋包裹保湿，否则极易造成种子缺氧死亡。催芽过程中如发现出芽不整齐，可定时检查，拣出已发芽的种子，置于 5~8℃条件下保湿贮存。待芽出齐后一起播种。

58. 怎样铺设电热温床？

　　黄瓜冬春季育苗，地温低，幼苗根系发育不良，嫁接后伤口不易愈合，可通过铺设电热温床对床土进行加温提高地温和地面温度。设置电热温床的基本步骤如下：

　　（1）做苗床　日光温室中设置电热温床，应选择光照、温度最佳部位，在中柱前做东西延长的床，床面低于畦埂 10 厘米，要求床面平整，无坚硬的土块或碎石。如地温低于 10℃，应在床面上铺 5 厘米厚的腐熟马粪、碎稻草、细炉渣等作隔热层，压少量细土，用脚踩实。

　　（2）选定功率密度　单位面积苗床上需要铺设电热线的功率称为功率密度。通常地温设定在 20℃左右时，功率密度可选择 80～100 瓦/米²。

　　（3）计算布线间距　布线前应先根据公式计算电热线的布线行数

和布线间距。

$$电热温床面积（1根电热线）=\frac{1根电热线的额定功率}{功率密度}$$

$$布线行数=\frac{线长-苗床宽度}{苗床长度} \qquad 布线间距=\frac{苗床宽度}{布线行数-1}$$

例如：用一根 100 米长，额定功率为 1 000 瓦的电热线铺设电热温床，选择功率密度 100 瓦/米^2，则：

$$可铺设电热温床面积=\frac{1\ 000\ 瓦}{100\ 瓦/米^2}=10\ 米^2$$

假设苗床长为 10 米，宽为 1 米，则：

$$布线行数=\frac{100-1}{10}\approx10\ 行$$

（注：布线行数要为偶数，以便电热线的引线能在一侧，便于连接）

$$布线间距=\frac{1}{10-1}\approx0.11\ 米=11\ 厘米$$

（4）布线方法　布线前，先在温床两头按计算好的距离钉上小木棍，布线一般由 3 人共同操作。一人持线往返于温床的两端放线，其余二人各在温床的一端将电热线挂在木棍上，注意拉紧调整距离，防止电热线松动、交叉或打结。电热线要紧贴地面，同时把电热线与外接导线的接头埋入土中（图 28）。另外，为使苗床内温度均匀，苗床两侧布线距离应略小于中间。整床电热线布设完毕，通电后畅通无阻

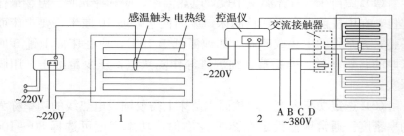

图 28　电热温床布线示意图
1. 单线接线图　2. 星形接线图

后再断电，准备铺床土。

（5）铺床土　电热线铺好后，根据用途不同，上面铺床土的厚度也不同。如用作播种床，铺 5 厘米厚的床土；移植床，铺 10 厘米厚床土；育苗盘或营养钵可直接摆在电热线上。上面扣小拱棚，夜间可加盖草苫、纸被保温，保温效果更好。

提　示　板

　　电热线可长期在土中使用，不允许整盘做通电试验用；电热线的功率是额定的，严禁截短或加长使用；使用一根电热线时，可直接用 220 伏电源，如使用多根电热线需用 380 伏电压；多根电热线连接需并联，不可串联。

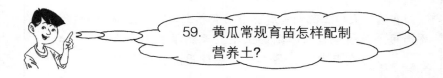

59. 黄瓜常规育苗怎样配制营养土？

　　营养土是由大田土、腐熟的农家肥、疏松物质、化肥等按一定比例混合配制而成的育苗用土壤。良好的营养土要具备营养成分全、酸碱度适宜、通透性好、保水能力强、无病虫害等特点。

　　配制育黄瓜苗的营养土，应选择没种过瓜类作物的大田土或葱蒜茬土壤，以防土壤中含有病菌、虫卵引起病虫害。腐熟的马粪养分齐全、透气性好，是配制营养土的主要原料。草炭配制的营养土质地疏松，重量轻，草炭中不含病菌和杂草种子，苗期不易发生病害和草害。如土质太黏还可以加适量的河沙、炭化稻壳或细炉渣，以增加营养土的疏松度。上述材料需捣碎、过筛、充分混匀后备用。此外，营养土中加入适量的化肥对幼苗生长发育有利，但切不可超量，一般每立方米营养土中加复合肥 0.5～1.5 千克或过磷酸钙 1～2 千克，按作物种类和使用时期而定。使用化肥应先将肥料溶化在水中，随后均匀地喷布到营养土中。为防治土传病虫害，每立方米营养土加入 50% 托布津或 50% 多菌灵粉剂 80～100 克，25% 敌百虫 60 克。

营养土按其用途可分为播种营养土和分苗营养土。为利于幼芽出土和移植起苗时少伤根系，播种营养土特别要求疏松、通透，而对肥沃度要求不高，配制比例通常为田土 4 份，草炭、马粪等 5 份，优质农家肥 1 份或每立方米营养土中可加入化肥 0.5～1 千克。为保证幼苗期有充足的营养和定植时能不散坨，成苗营养土的配制上应加大大田土的比例，增加农家肥的施用量，通常田土占 5 份，草炭、马粪等占 3 份，优质粪肥 2 份，每立方米营养土再加复合肥 1～1.5 千克。

提 示 板

在选用大田土配制黄瓜育苗用营养土时，注意不要选用上茬喷施过除草剂的土壤。天然草炭土挖出后，要经过冬天冻结，第二年才能使用。其他有机物，如猪粪、鸡粪等也需充分腐熟后才能用于配制营养土，以免产生气害。

60. 黄瓜常规育苗怎样播种?

应选择晴天的上午播种，此时温度高，出苗快且整齐。阴雨天播种，地温低，黄瓜迟迟不出苗，易造成种芽腐烂。

（1）做苗床　播种前把配制好的营养土装入事

先准备好的苗床内，播种床床土厚度只需 4～6 厘米，如采用点播法不再移植的床土厚度可增加到 8～10 厘米。采用营养钵直播的，可将钵内装好营养土后整齐地摆放在育苗床上，营养钵内土不可装满，需在上部留出 2 厘米空间，以便播后覆土和苗期浇水。

（2）打底水　床面耙平压实后，即可打底水，底水量以润透床土为度，水量过大地温低，出苗后易得猝倒病；底水少，种芽易被抽干萎蔫。浇底水需用喷壶细致均匀地洒水，不宜多次重复浇，以免造成土壤板结。如在早春地温低时播种，最好浇开水，一方面可提高地温，另一方面可杀死土壤中的病菌、虫卵和草籽。

（3）播种　底水渗下后，在床面撒一薄层药土，黄瓜最好进行点播。点播时可用细竹竿按 2 厘米行距压出小沟，将已出芽的黄瓜种子芽朝下按 2 厘米株距一个个摆好。随点播随覆些过筛的细土，形成小土堆，待全床播完后再全面覆土，覆土厚度为 1～1.5 厘米。为了掌握盖土厚度和盖土均匀，可备一些直径为 1～1.5 厘米的竹棍，摆放在播种后的床面上，然后覆土，使覆土厚度和竹棍高度持平，然后把棍取出，放棍的地方用土盖好。

（4）播后管理　播种后应立即覆盖床面，增温保墒，为种子萌发创造温暖湿润的良好条件。当膜下水滴多时，应及时取下晾干后再覆上。播种后气温要尽力提高到 25～30℃，夜间最低土温要求在 15℃以上。可通过苗床下铺设地热线或上扣小拱棚来提高温度。种子出苗后立即揭去覆盖物，以防幼苗徒长。

提　示　板

　　低温季节播种育苗，播后可采用透明地膜覆盖苗床，以增温保墒。春季或夏秋季节播种育苗，可覆盖黑色地膜或无纺布等不透明覆盖物，达到保墒效果即可。此期外界温度高，覆盖透明地膜，极易烤伤幼芽。

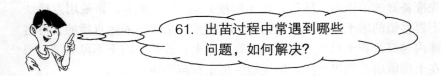

61. 出苗过程中常遇到哪些
问题，如何解决？

黄瓜出苗过程一般为 3～10 天，与床土温度高低和是否催芽有关。出苗期间的管理主要是保证幼苗出土所需的较高的温、湿度，黄瓜要求 25～30℃。出苗过程中容易发生以下问题：

（1）不出苗、出苗少、出苗不齐　种子陈旧、受伤、吸水不足或过量，覆土深浅不一，床温过低或床温不均，肥料尤其是化肥施用过量等都是造成出苗慢而不齐的原因，所以一定要严格种子处理过程，提高播种质量、保持床土湿润、尽量提高种子出土前的床温是实现一次播种保全苗的关键技术环节。

（2）幼苗病弱及"戴帽"　幼苗病弱不壮，大多是由于土温过低，出苗时间长，种子在出土过程中消耗养分过多或受到病菌侵染。种苗"戴帽"除与土温有关外，种子秕瘪、覆土太薄或太干，使种皮受压不够或种皮干燥发硬不易脱落。另外，瓜类种子直插播种，也会出现幼苗带种皮出土、子叶不能展开的弊病。因此要讲究种子质量和播种质量，保证播种后的适宜土温是消灭"戴帽"现象的关键。幼苗刚出土时，如床土过干要立即用喷壶喷水保持床土潮湿，发现有覆土太浅的地方，可补撒一层湿润细土。出现"戴帽"现象时，可趁早晨湿度大时，或先用喷雾器喷水使种皮变软，再人工辅助脱去种皮。

（3）烂种　烂种是由于低温高湿，施用未腐熟粪肥或粪土掺和不匀，种子出土时间长、长期处于缺氧少氧条件下造成的。造成烂种的原因还与种子本身成熟度不够、贮藏过程中霉变、浸种时烫伤有关，通过严格种子播种质量，加强播种后的苗床管理是可以防止。

（4）沤根 新出土的幼苗发生沤根时，根部不发新根，根皮呈锈色，逐渐腐烂、干枯，病苗萎蔫，不生新叶，严重时病苗枯死。发病过程中，病苗极易从土壤中拔出。沤根主要是由于苗床土温长期低于12℃，加之浇水过量或遇连阴天，光照不足，致使幼苗根系在低温、过湿、缺氧状态下，发育不良，造成沤根。为提高地温，可采用电热温床，苗床温度控制在16℃以上。播种时一次打足底水，整个育苗过程中适当控水，严防床面过湿。发生轻微沤根后，苗床加强覆盖增温，及时松土，促使病苗尽快发出新根。

提 示 板

当大部分幼苗拱土后，应立即降低苗床温度，特别是夜间温度不宜超过15℃，同时苗床尽量争取光照，避免浇水，以防止下胚轴徒长，形成"高脚苗"。

62. 黄瓜常规育苗怎样分苗？

专家解答

分苗也叫移植，就是将籽苗期的幼苗从拥挤的播种床内挖起，按一定距离移栽到成苗苗床或营养钵中。采用分苗措施与营养钵直播比较，可缩减播种床面积，节约育苗前期的管理费用。分苗的目的在于及时扩大营养面积，满足幼苗生长发育所需的光照和营养条件。由于分苗时损伤主根，能促进侧根的发生，分苗后幼苗的总根数增加，根系分布比较集中，可减轻定植时对根系的伤害，对定植后的成活、缓苗有一定良好作用。黄瓜由于根系木栓化程度高，受伤后不易恢复，因此分苗时间宜早，一般在破心时分一次苗即可。最好采用容器移植或土方移植。

采用容器移植应事先准备好营养钵，往容器里装 2/3 的营养土。采用土方移植，先将营养土和泥后装床，用泥板抹平后切块。分苗的第一道工序是起苗，起苗前一天给苗床浇一次透水，以免起苗时伤根。起苗后注意选苗，淘汰病苗、畸形苗。如幼苗生长不整齐，应将幼苗按大小分别移植，便于管理。挖出的苗应立即移栽，防止暴露在空气中引起失水萎蔫，造成大缓苗；不能移栽的，应用湿布保湿。分苗的第二道工序是栽苗，容器育苗，可先将幼苗栽到容器中，摆放整齐，然后浇透水。土方育苗，可在土方中心用手指按一小孔，将幼苗栽在土方中部，并覆 1～1.5 厘米厚的细土，以防土方开裂。栽苗深度以子叶露出土面 1～2 厘米为宜。

黄瓜分苗后，应密闭棚室，创造一个高温高湿的环境条件以促进缓苗。缓苗初期，中午高温时可适当遮阴，防止幼苗萎蔫。缓苗中期叶色变淡，新根已开始发生，遇高温可适当小放风。如分苗时底水过少，此时可补小水一次。缓苗后期，幼苗叶色转绿，心叶展开，根系大量发生，可进行正常管理。一般从分苗到缓苗需经 4～7 天，缓苗后，浇一次缓苗水。

提 示 板

分苗时如发现幼苗胚轴过长，可适当深栽或倾斜栽植，促使其发生不定根，既降低了植株高度，又增加了根系的吸收面积。为防止幼苗根系从营养钵底部的小孔钻出扎入土中，造成移动时再次伤根，可在营养钵下铺一层旧报纸。

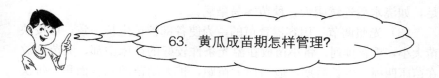

63. 黄瓜成苗期怎样管理？

　　黄瓜分苗缓苗后到定植前为成苗期，这一段时间的生长量占苗期生长总量的95％，其生长中心继续在根、茎、叶，同时进行大量的花芽分化。这一时期要求温度适宜、光照充足、肥水适当，以避免秧苗徒长，利于黄瓜的花芽分化。

　　（1）温度管理　根据黄瓜幼苗期适应能力强，而成株期适应能力弱的特点，分苗缓苗后，采用大温差管理，白天保持25～30℃，不超过32℃不放风，前半夜15～18℃以上，后半夜10～15℃。调节温度要特别注意控制夜温，夜温过高，呼吸作用旺盛，消耗大量营养物质，幼苗生长衰弱。此外，晴天为争取较强的光合作用，可采用温度上限值，阴天为控制徒长，减少呼吸消耗，宜采用温度下限值。地温控制在15～17℃。苗床通风的原则是外温高时大放，外温低时小放，一日内从早到晚的放风量是由小到大，再由大到小，切不可突然揭开又骤然闭上。育苗期间如连续降雪，应注意防寒保温，争取光照，切不可放风。如连续降雨，气温较高，必须于下雨间隙适当放风，防止幼苗徒长。

　　（2）水分管理　成苗期秧苗根系发达，生长量加大，必须有充足的水分供应，才能促进幼苗的正常发育，所以应采取"边蹲边长"和控温不控水的原则来进行水分调节。成苗期的水分供应，宜采取增大浇水量，减少浇水次数，使土壤见干见湿。水分过多容易引起徒长，水分控制过严则秧苗趋于"老化"，尤其进行大放风后，气温渐高，秧苗蒸腾量加大，如水分不足，根部一旦受干旱影响不易复原，影响生长速度。一般在棚室内育成苗的7～8天浇一次水，成苗期间有2～3次大水已足够。浇水要选择有连续晴天的上午进行，每次水量要足，如浇水后连续阴天，秧苗容易染病。

（3）光照调节　用容器育苗的，为使各部秧苗生长一致，可按秧苗大小，重新排列，将小苗放在温光条件较好的苗床中部，大苗则放在苗床四周。生长后期，适当加大苗距，扩大幼苗的光合面积。每次倒坨后，必然影响根部吸收，故倒坨后要喷水防止秧苗萎蔫。冬季日光温室育苗，室内光照较弱时，可在苗床后部张挂反光幕来增加光照。

（4）秧苗锻炼　为使幼苗适应定植后的环境，迅速缓苗，可于定植前5～7天加大通风量，对秧苗进行降温锻炼。容器育苗的可提前移到定植地点，加大苗距使其适应低温、低湿条件。营养土方育苗的应提前割坨囤苗，促进新根发生，加速定植后的缓苗。

提 示 板

定植前，趁幼苗集中，可喷淋一次叶面肥，打一遍广谱性杀菌剂和杀虫剂，以促进秧苗生长，杜绝秧苗带病、带虫下地。

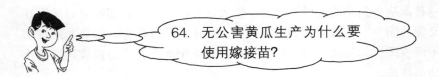

64. 无公害黄瓜生产为什么要使用嫁接苗？

黄瓜设施栽培中，由于土壤长年连作，致使枯萎病、疫病等土传病害逐年加重，严重影响产量和效益。嫁接育苗又称"嫁接换根"，嫁接育苗是防止土传病害、克服设施土壤连作障碍的最有效措施。此外，嫁接苗与自根苗相比，根系强大，抗逆性增强，生长旺盛，产量增加，尤其是在日光温室越冬茬黄瓜栽培中地温较低的情况下，增产效果突出。因此，黄瓜的设施栽培中广泛采用嫁接育苗。

优良的黄瓜嫁接砧木应具备以下特点：嫁接亲和力强，共生亲和力强，表现为嫁接后易成活，成活后长势强；对黄瓜的主防病害表现为高抗或免疫；嫁接后抗逆性增强；对黄瓜果实的品质无不良影响或不良影响小。目前黄瓜常用嫁接砧木为黑籽南瓜和白籽南瓜。

提 示 板

白籽南瓜长势和抗寒性等不如黑籽南瓜，然而其最大的优点是可以显著提高瓜条商品性。但对于保温性能较差的棚室，最好选用生长旺盛、抗寒性强的黑籽南瓜作砧木。

65. 黄瓜嫁接有哪几种方法，各有什么优缺点？

（1）靠接　采用此法嫁接，黄瓜比南瓜提前4～5天播种，出苗后要适当提高夜温，使接穗和砧木的下胚轴伸长到7～8厘米，以免定植时接口触地感病。当砧木第一片真叶半展开，黄瓜苗刚现真叶时为嫁接适期。嫁接前将播种南瓜的营养钵浇透水，把黄瓜苗起出，洗净、擦干、保湿。去除南瓜生长点，并在离子叶节5～10毫米处的胚轴上，按35°～40°角自上而下斜切一刀，切口深度为茎粗的1/2；在接穗子叶节下12～15毫米处，在第一片真叶展开方向，按30°角自下而上斜切一刀，切口深度为茎粗的3/5。然后将接穗舌形楔插入砧木的切口里使黄瓜子叶压在南瓜子叶上面，黄瓜苗在里，南瓜苗在外，夹好嫁接夹即可。如图29所示。嫁接后立即将黄瓜苗栽入浇透水的营养钵里。嫁接后15～20天左右给接穗断根。靠接的优点是操作容易，成活率高；缺点是嫁接速度慢，后期还有断根、取夹等工作，较费工时，且接口低，定植时易接触土壤。

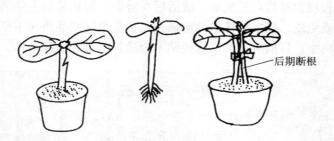

图 29　黄瓜苗靠接示意图

（2）**插接法**　采用插接法，砧木应早播 2～3 天。砧木第一片真叶长至 1～3 厘米，接穗两片子叶展平，第一片真叶刚出现为嫁接适期。嫁接时左手捏住南瓜子叶节，右手持竹签去掉真叶、生长点及生长点两旁的腋芽。然后，使竹签向下，由砧木一侧子叶，离生长点中心 2～3 毫米的主脉处，倾斜插入，通过生长点下方约 2 毫米处，插向另一侧子叶主脉基部下方 3～4 毫米处。注意插孔要躲过胚轴的中央空腔，不要插破表皮，左手食指只要感觉到竹签尖端的压力即可，插入要准确、迅速，一次成功，竹签暂不拔出。取一株黄瓜苗，在子叶以下 8～10 毫米处，以 20°左右的角度向前斜切，切口长 5～8 毫米，再从另一面切第二刀，切口长 2～4 毫米，把下胚轴

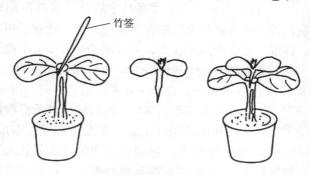

图 30　黄瓜苗插接示意图

切成楔形。接穗削成后，拔出砧木上的竹签，右手捏住接穗两片子叶，倾斜插入孔中。注意插入接穗要迅速、准确，一次插入，接穗两片子叶与砧木两片子叶平行或呈十字花嵌合，如图30所示。插接法要防止接穗插入南瓜苗子叶节下的胚轴空腔。否则，切面深入胚轴腔内，生成不定根形成假活苗。斜插法嫁接后省去了栽苗工序，而且不用嫁接夹、塑料条等，同时也免去了成活后去夹及断根的工序，而且接口较高，定植后不易受土壤污染。此法的缺点是嫁接后对温、湿度要求高。

（3）劈接法 采用此法嫁接，南瓜比黄瓜早播种2～3天。嫁接时先去除砧木的生长点和腋芽，留下顶点以下部分，使其呈平台状，然后在茎轴一侧自上而下切开长约1厘米的刀口。将黄瓜苗胚轴切成楔形，用左手食指和拇指、轻捏砧木子叶节部位，右手食指和拇指拿处理好的接穗插入切口内，使砧木和接穗的楔状组织紧密接合，子叶呈平行方向，如图31，立即用嫁接夹固定。黄瓜劈接嫁接法对砧木和接穗的苗龄要求不严，成活率高，嫁接速度快，省去了接穗断根的麻烦，其最大优点还在于接口高，便于田间定植管理。

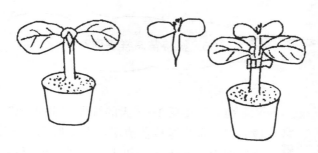

图31 黄瓜苗劈接示意图

（4）贴接法 采用贴接法接穗早播3～4天，砧、穗下胚轴粗细接近时嫁接。用锋利刀片自上而下一刀削去砧木的生长点和一片子叶，椭圆形切口长5～8毫米。接穗在子叶下8～10毫米处向下斜切一刀，切口与砧木切口贴合，用嫁接夹固定（图32）。

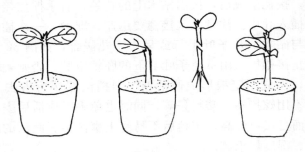

图 32　黄瓜苗贴接示意图

提　示　板

　　黄瓜苗起出后一定要用湿毛巾包裹保湿，防止失水萎蔫。无论采用哪种嫁接方法，削接穗和砧木切口时，尽量一次削成，保证切面光滑无毛刺，以利于伤口愈合。

66. 嫁接苗怎样管理?

　　(1) 嫁接后 1～3 天的管理　此期是愈伤组织形成时期，也是嫁接苗成活的关键时期。一定要保证小拱棚内湿度达 95％以上，棚膜内壁应挂满大量露珠，从外面看不见嫁接苗。可依室内湿度大小，每天对嫁接苗喷雾 1～2 次，其中 1 次喷 500 倍液的百菌清，以预防病菌侵染。喷雾时以喷头朝上，雾点自然下落为佳。由于温床内高温、多湿易发生病害，所以需每天进行 2 次换气，换气后再次喷雾。温度白天保持 25～27℃，夜间 16～20℃，地温 20℃左右。冬季黄瓜嫁接育苗，关键问题是小拱棚内地温、气温偏低，为保证小拱棚内的较高温度，必须在苗床下增设电热线。嫁接前 2 天，小拱棚应覆盖纸被进行全天遮光，第 3 天可在早晚适当揭开纸被见弱光。

（2）嫁接后 4～6 天的管理　嫁接后 4～6 天正是假导管形成期。此时棚内的湿度应降低至 90％左右，为此小棚顶缝应开 3～6 厘米小缝，每天通风 1 小时左右。小棚内白天温度保持在 25℃左右，夜间 15～18℃，温度超过 30℃时应继续用纸被遮阴降温。光照逐渐加强，只在中午强光时适当遮阴。如管理正常，接穗的下胚轴会明显伸长，子叶叶色由暗深绿色转成淡绿色，第一片真叶开始吐心。

（3）嫁接后 7～10 天的管理　此期是真导管形成期。棚内湿度应降至 85％左右，湿度过大，不仅砧木子叶容易感染，而且接穗容易长出许多不定根影响成活，或造成接穗徒长。因此，小棚要整天开 3～10 厘米的缝，进行通风降温，一般不再盖纸被。正常条件下，接穗可长出 1～2 厘米有光泽淡绿色真叶，此标志接穗已与砧木完全愈合，应及时将已成活的嫁接苗移出小拱棚。凡真叶不足 1 厘米或真叶长到 1 厘米以上但叶色暗绿的，应在小棚内多放几天，达到上述标准时，再移出小棚，不可操之过急。

（4）嫁接后 10～15 天的管理　移出小棚后的嫁接苗，经 2～3 天的适应期，接穗第一片真叶已长到 3 厘米左右时，同自根苗一样进行大温差管理，以促进嫁接苗花芽分化，育成健壮的嫁接苗。

提　示　板

　　靠接后 12~13 天，在嫁接夹下方，将黄瓜下胚轴用手指捏伤，破坏输导组织，间隔 3～4 天，再从接口下方把黄瓜下胚轴割断。嫁接苗成活期间，砧木会随时发生萌蘖，如发现后要及时去除，否则会严重影响黄瓜幼苗的正常生长。

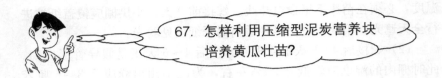

67. 怎样利用压缩型泥炭营养块
培养黄瓜壮苗？

压缩型泥炭育苗营养块用草本泥炭为主要原料，添加适量营养元素、保水剂、固化成型剂、微生物等，经科学配方、压缩成型的新型育苗材料，具有无菌、无毒、营养齐全、透气、保壮苗及改良土壤等多种功效。利用泥炭营养块育苗实行单籽直播，省去了配制营养土、制作苗床、分苗等工序，还大大减少了用种量，降低了生产成本。而且泥炭营养块养分齐全、疏松透气，不但提高了秧苗质量，还隔绝了土传病害，带坨移栽，成活率几乎达100％，是一项很有发展前景的育苗新技术。其具体操作步骤如下：

（1）苗床准备

①摆块。在温室温光条件好的地方，做成宽1.2～1.4米、长5～10米、畦埂高10厘米的苗床，床底部整平压实。苗床做好后，在床底平铺一层塑料薄膜，四周延伸到畦埂上，以防止水分渗漏和根系下扎。黄瓜育苗可选用圆形大孔、重40克的营养块，将营养块按1～2厘米间距整齐地摆放在苗床内。

②胀块。压缩型泥炭育苗营养块使用前需吸水膨胀，需水量一般为其重量的1.5倍。营养块摆好后，分两次灌水：第一次要喷水，就是先对摆放好的营养块自上而下雾状喷水1～2次，使表面湿润。不要用冲力很大的水管正对营养钵浇，容易造成散坨。第二次灌水，用去掉喷壶嘴的喷壶向育苗块之间的空隙中灌水，等待水分完全吸收。水吸干后用牙签或铁丝等尖细材料扎刺育苗块，看是否有硬芯。如果仍有硬芯，要继续补水，直到吸水

完全。水吸足后将地膜上的积水排掉，放置 4～8 小时后进行播种。

（2）营养块播种　种子播前按常规方法进行晒种、消毒、浸种、催芽，催芽露白 70％时播种。营养块吸水膨胀的第 2 天，在每个育苗营养块内播一粒发芽种子，播后覆土。

（3）苗期管理

①播种后出苗前管理。播种后不要移动、按压营养块，否则易破碎，2 天后结成一体、恢复强度，方可移动。低温季节盖地膜保温保湿，高温季节盖遮阳网降温保湿，破土约 70％时揭膜。育苗块间隙不必填土，以坚持通气透水，防止根系外扩。

②小苗期及成苗期管理。小苗期要尽量控制水分，防止水分过大导致徒长。出苗 15 天后可根据幼苗水分需求逐渐增加水分供应。浇水应在早晨棚温上升前进行，绝不能用喷壶喷水，应用小水流从床底缓慢灌水（溜缝），让水分从育苗块底部吸收上去，有利于降低育苗块表面温度，延长水分供应时间。日常水分管理以见干见湿为好，切忌苗床长时间积水。

苗床地温不应低于 15℃，棚温采取变温管理，防止徒长。成苗期注意增加光照、通风、浇水，并可适当发挥以水控苗的作用。根据生长情况，幼苗二叶期时应及时倒苗排稀，扩大营养面积。定植前7～10 天开始停止浇水并降低苗床温度进行炼苗。幼苗三叶一心时即可定植。

提　示　板

泥炭营养块育苗隔绝了幼苗与土壤的接触，能够有效防止土传病害的发生。需要指出的是播种后一定要覆盖无土基质或经严格消毒的营养土，以防止覆盖用土壤带菌，引发苗期病害。

68. 怎样培育黄瓜穴盘苗？

　　穴盘育苗，又称工厂化育苗，是以不同规格的专用穴盘作容器，用草炭、蛭石等轻质无土材料作基质，通过精量播种（一穴一粒）、覆土、浇水，然后放在催芽室和温室等设施内进行培育、一次成苗的现代化育苗技术。黄瓜采用穴盘育苗，单位面积育苗数量多，可以节省人力和能源，而且秧苗质量高、病虫害少，是一种值得推广的育苗方式。

　　（1）育苗设施的准备　可根据条件选用采光、保温性能好的连栋温室或日光温室，室内安装可移动式苗床，苗床高 81 厘米、宽 165 厘米，用来摆放穴盘。此外，育苗温室还应设有喷淋系统、加温及补光设备。黄瓜育苗砧木播种选用 50 孔穴盘，接穗播种选用平底育苗盘。使用前用 1 000 倍高锰酸钾溶液浸泡苗盘 10 分钟。

　　（2）基质的准备　选择优质草炭、蛭石、珍珠岩为基质，三者按 3∶1∶1 比例配制，然后每立方米加入 1.5 千克三元复合肥、0.25 千克多菌灵，搅拌均匀备用。

　　（3）播种　基质装盘前用适量水拌和基质，达到手捏成团、落地即散的要求。填装时准备一块塑料薄膜和一把直尺，把穴盘放在薄膜上，将基质填满穴盘，用直尺刮平，然后用叠在一起的 3～4 个穴盘压出播种用的小穴，最后把穴盘排到苗床中。目前国内多采用将浸种催芽处理后的种子人工播种。砧木每穴播 1 粒，播后盖 1.5 厘米厚的消毒蛭石；接穗每盘播 1 500 粒，盖洁净的细河沙 1 厘米厚。播种后淋透水并覆盖保湿。

　　（4）苗期管理　播后苗床白天温度 28～32℃，夜温 18～20℃。大部分幼苗拱土时揭去地膜，白天保持 22～25℃，夜温 16～18℃。

砧木破心，接穗子叶展平为嫁接适期。穴盘育苗多采用插接法，嫁接方法和接后管理同常规嫁接育苗。

提 示 板

重复使用的基质必须进行消毒处理，可用 100 倍液的福尔马林溶液均匀喷洒基质，再将基质堆起密闭 2 天后摊开，晾晒 15 天左右，等药味挥发后再使用。或者用 0.1%～0.5%高锰酸钾溶液浸泡 30 分钟后，用清水洗净备用。

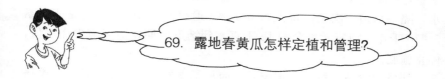

69. 露地春黄瓜怎样定植和管理？

露地春黄瓜一般提前在温室、大棚内培育壮苗，于终霜过后，地温稳定在 12℃以上，才能定植。也可利用地膜、小拱棚覆盖，提早 1 周左右定植。

（1）定植密度　若栽植生长期较短的早熟品种，可采用行距 45 厘米、株距 25 厘米的定植密度，每 667 米² 种植 6 000 株；栽植生长期较长的中晚熟品种，可采用大行距 80 厘米、小行距 50 厘米，株距 25 厘米的定植密度，一般每 667 米² 栽 4 000 株左右，两小行搭一架。

（2）定植前的准备　当年春季土地解冻后，在秋季深翻并施足基肥的基础上，耙平地面，根据定植行距，在畦中央或两小行中央开沟施基肥，每 667 米² 施入腐熟的有机肥 2 000 千克、饼肥 300 千克，然后在施肥沟上起垄或做畦，并于定植前 1 周覆地膜暖地。

（3）定植方法　露地春黄瓜定植时气温和地温均较低，宜采用暗水定植法。先按株距在畦上或垄上开穴，逐穴浇入定植水，水量不宜过大，待水渗下后摆苗并封埯。黄瓜定植不宜过深，保持土坨与畦面相平为宜。

（4）田间管理

①追肥灌水。定植 4～5 天，黄瓜缓苗后，新叶开始生长，此期可根据土壤墒情和天气情况浇一次缓苗水。待地表稍干，应急时中耕，提高地温。从定植到根瓜坐住前，栽培管理上要突出一个"控"字，多中耕松土，少浇水，改善根部生长环境，促进根系发育，达到根深秧壮，花芽大量分化，根瓜坐稳的目的。根瓜收获时开始加大供水量，一般每 5～7 天浇一次水，进入结瓜盛期需每 3～5 天浇一次水，隔一水追一次肥，每次每 667 米^2 追硫酸铵 10～15 千克或尿素 5～10 千克，或三元复合肥 15 千克，到结瓜后期要适当减少浇水量，停止施肥。

②搭架整枝。黄瓜苗定植后，应尽早支架。可用 2 米长的竹竿搭建大"人"字架或四脚架，每株 1 杆。当黄瓜伸蔓时就开始绑蔓，以后每 3～4 片叶就结合整枝绑一次蔓。绑蔓一般绑在瓜下 1～2 节，黄瓜茎和竹竿采用"8"字形绑法，要求松紧适度，以免影响黄瓜后期生长。露地春黄瓜整枝方法是主、侧蔓均留瓜，根瓜以下的分枝及卷须都应及时清除，根瓜以上的分枝见瓜后，留 1～2 片叶摘心。蔓下部的老叶、病叶需及时摘除。当主蔓生长到架顶，一般 20～25 片叶时，打掉主蔓顶，以后就任其自由生长至拉秧。

提 示 板

露地春黄瓜缓苗后，如土壤墒情较好，可推迟浇缓苗水。如果需要浇水，水量不可过大，因为此时正处于早春，地温尚低，水量过大导致地温过低，不利于根系的发育，甚至易引起沤根。

70. 夏秋高温季节怎样培育黄瓜苗?

　　露地秋黄瓜、塑料大棚秋延后黄瓜及日光温室秋冬茬黄瓜均在夏秋高温季节育苗，此时气温高、光照强、雨水多，不利于黄瓜幼苗的生长发育。因此，必须采取相应的育苗措施。

　　（1）苗床的设置　　高温季节应设置遮阴避雨苗床。可在温室、大棚、中棚或小拱棚内进行，四周卷起通风，在温室内育苗，揭开前底脚，后部开通风口，形成凉棚，可避免高温强光对幼苗生长的影响。此外，也可采用露地扣小拱棚做苗床的方法，一般小拱棚宽2米以上，高1米以上，上覆旧膜，四周卷起形成凉棚，起遮雨和夜间防露水作用。在温室或大棚内做苗床可制成低畦，畦宽1米，长4米左右，每畦撒施40千克过筛后的腐熟农家肥，深翻10厘米，打碎土块，使粪土掺匀，耙平畦面备用。如采用露地扣小拱棚做苗床，应做成10厘米高的畦，以防雨水流入苗床。

　　（2）育苗方式

　　①直播。育苗畦内浇足水，按10厘米×10厘米株行距划线，形成10厘米的方格，在每个方格中央摆一粒催出小芽的种子，芽朝下，上面覆盖2厘米厚的营养土。也可把营养土装入塑料营养钵中，然后浇透底水，每钵点播一粒已出芽的种子，上覆2厘米厚的营养土。

　　②分苗。事先做好黄瓜播种沙床，播种床铺8～10厘米厚过筛河沙，耙平，浇透水，把黄瓜干籽均匀撒播在沙上，再盖2厘米厚细沙，浇足水，始终保持细沙湿润，3～4天两片子叶展开即可分苗至营养钵或育苗畦中。采用分苗的好处一是移植时

伤根可避免幼苗徒长；二是可对幼苗进行选择，使幼苗整齐一致。

　　（3）苗期管理　高温季节育苗，应以遮光、降温、保持一定湿度、中耕除草和防止徒长为重点管理目标。

　　①遮光降温。使荫棚内透光率为50％左右，大放风使空气流畅，勤浇水使土壤见干见湿，每次浇水应在早晨进行，并且避免一次浇水过多，勤浇少浇，既可使土壤保持一定湿度，又可降低地温。此外，注意随时清除杂草。

　　②化学调控。因苗期处于高夜温、长日照条件下，不利于黄瓜的雌花分化和发育，为了促进雌花形成和防止苗期徒长，可在第2片真叶展开时向幼苗喷施100毫克/升乙烯利，第4片真叶展开时观察幼苗长势，如果长势旺盛，可将乙烯利浓度增至200毫克/升进行第二次处理，否则仍用100毫克/升乙烯利处理。

　　③防病治病。幼苗期因高温、多湿，极易发生霜霉病和疫病，在黄瓜出苗后每10天喷一次600～800倍液瑞毒霉。

　　夏秋季节育苗，黄瓜日历苗龄20天左右，其壮苗指标为株高8～10厘米，茎粗0.6厘米以上，叶片数2～3片，厚而浓绿，子叶健壮，根系发达。用于设施栽培的黄瓜，提高黄瓜耐低温性，延长采收期，需采用嫁接育苗。

提　示　板

　　夏秋季节育苗，黄瓜花芽分化时期正处于高夜温、长日照条件下，有利于花芽分化成雄花，因此，需在苗期施用乙烯利加以调控。而冬春季节育苗，黄瓜花芽分化期处于低夜温、短日照条件下，有利于雌花的分化，故无需用乙烯利调控。

71. 露地秋黄瓜怎样定植和管理？

露地秋黄瓜多在 6 月末、7 月初播种育苗，可直播，也可育苗。

（1）整地施肥　前茬作物收获后，要及时清除病残体和杂草，每 667 米² 施入充分腐熟的厩肥 3 000 千克作基肥，随后深翻晒垡。按大行距 80 厘米、小行距 50 厘米起垄或做小高畦，以利于排水和生长，并覆黑色地膜以利保墒防草。露地秋黄瓜定植密度每 667 米² 4 000 株左右。

（2）定植（苗）　采用直播方式的应及时间苗、查苗补缺，3～4 片真叶时定苗，每墩留苗 1 株。发现缺苗应及时补苗，确保全苗。采用育苗方式的宜在幼苗二叶一心时定植。由于此期温度高、光照强，宜在下午或傍晚定植。可采用明水定植法，即按株行距开沟（穴）栽苗后，逐沟灌大水，以降低温度。

（3）田间管理

①中耕除草。定植缓苗后要及时中耕，防止土壤板结或杂草滋生。覆盖黑色地膜的，可在大行间适当中耕除草。

②水肥管理。露地秋黄瓜生长期内多雨水，有机肥料分解快，流失多，因此需肥量大，故应增施肥料。通常结果盛期每 3～4 天浇 1 次水，隔一水追肥一次，每次每 667 米² 追三元复合肥 15 千克。在水分管理上，要小水勤浇，忌大水漫灌，这样既可做到不旱、不涝、病虫害少，又能常常降温，起到改善小气候的作用，大雨后要及时排水。

③植株调整。秋黄瓜整枝搭架方法可参照春黄瓜。

提 示 板

露地秋黄瓜病虫害严重，为保证产品符合无公害要求，在病虫害防治上要贯彻"预防为主、综合防治"的方针，除从栽培上采取一系列防治措施外，要勤观察，早发现，及时防治，控制病虫的发生与蔓延，以达到理想的病虫害防治效果。

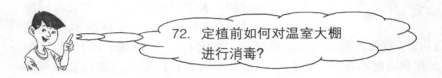

72. 定植前如何对温室大棚
进行消毒？

在黄瓜定植以前，对棚室空间、土壤进行消毒，是预防病虫害发生，减少农药用量的有效措施。具体方法如下：

（1）栽培设施消毒　上茬作物拉秧后，将病残体清除田外集中销毁。在定植前2～3天，对栽培设施进行提前消毒，每667米² 可用硫黄粉0.8～1.0千克，敌敌畏0.3～0.5千克，加3.5千克锯末或适量干草，混合点燃，密闭熏蒸12～24小时，可以杀灭一部分病原菌和害虫。

（2）设施土壤消毒

①高温消毒。温室大棚等保护地设施夏季休闲期，利用淹水进行嫌气高温消毒，也可以杀灭大部分病原菌或虫源。具体方法是利用气温较高、阳光充足的7～8月份，在保护地内每667米² 均匀撒施2～3厘米长的碎稻草和生石灰各300～500千克，并一次性施入农家肥5 000千克，再耕翻30～40厘米使稻草、石灰及肥料均匀分布于耕作层土壤。然后做成30厘米高、60厘米宽的大垄，以提高土壤对太阳热能的吸收。棚室内周边地温较低，易导致灭菌不彻底，故将土尽

量移到棚室中间。灌透水，上覆塑料薄膜，薄膜铺平拉紧，压实四周，闭棚升温。根据水分渗透状况，每隔 6～7 天充分灌水一次。然后高温闷棚 10～30 天，使耕层土壤温度达到 50℃以上，可直接杀灭土壤中所带的有害病菌及各种虫卵，大大减轻菌核病、枯萎病、疫病、根结线虫病、红蜘蛛及多种杂草的危害，还能促进土壤中的有机质分解，提高土壤肥力。

②土壤电处理技术。辽宁省大连市农业机械化研究所研制的3DT-90 型土壤连作障碍电处理机，是新开发的一种多功能土壤消毒设备。在土壤微水分条件下（土壤含水量低于 40％），该设备主要通过脉冲电流杀灭土壤中的害虫，而土壤水分电解产生的氧化性气体，比如酚类气体、氯气和微量原子氧等在土壤团粒缝隙逸散过程中可以有效杀灭引起土传病害的病原微生物。除杀灭土壤中的有害微生物外，该设备还能消解根系分泌的有毒有机酸，消除土壤的盐化和碱化离子。

③福尔马林熏蒸。用于温室大棚或苗床床土消毒，可消灭土壤中的病原菌，同时也杀死有益微生物，使用浓度 50～100 倍。使用时先将土壤翻松，然后用喷雾器均匀喷洒在地面上再稍翻一翻，使耕作层土壤都能沾着药液，并用塑料薄膜覆盖地面保持 2 天，使甲醛充分发挥杀菌作用以后揭膜，打开门窗，使甲醛散发出去，2 周后才能使用。

提 示 板

　　为减少病原物的传播，无公害黄瓜生产应参照养殖业的管理办法，即黄瓜生长季节，特别是病害高发时期，应尽量减少外来人员进入温室或大棚，特别要防止不同温室的管理人员来回走动。外来人员进棚前应更换外衣和鞋子，防止带入病原菌和线虫等。本棚的工作人员也应经常清洗工作服和手套、鞋子，防止病原物的人为传播。

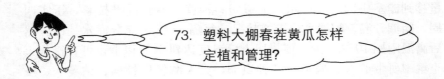

73. 塑料大棚春茬黄瓜怎样
定植和管理?

（1）定植时期　定植期由于各地区的气候条件，扣棚早晚、品种、覆盖物的层数等条件的差异而不同。根据黄瓜的生物学特性，要求大棚内10厘米的地温稳定在10℃以上，最低气温5℃以上。采用单层覆盖，一般东北北部及内蒙古地区，在4月上中旬定植；东北南部、华北及西北地区在3月中下旬定植；华东、华中地区在3月上中旬定植。采用双层覆盖，定植期可提早6～7天；多层覆盖可提早15～20天；有临时加温设施，定植期还可提前。

（2）整地施肥　为提高地温，可在黄瓜定植前1个月扣棚暖地，有条件的最好扣越冬棚。棚内土壤化冻后，进行深翻、整地、施基肥。在头年深翻的基础上再深翻20～30厘米，结合整地每667米²施腐熟优质农家肥5 000～7 500千克，2/3翻地前撒施，并要倒翻一遍，使土壤和肥料充分混匀。1/3做畦后沟施，按大行距70厘米、小行距50厘米开沟施基肥后，起垄。定植时，在垄上开沟，按25厘米株距摆苗，每667米²保苗4 000～4 500株。

（3）定植　黄瓜定植应选择晴天上午进行，定植深度以苗坨面与畦面相平为宜，定植当时浇水不宜过多，以免降低土壤温度。定植后在黄瓜株间撒施磷酸二铵或者复合肥，每667米²25～30千克，用小铲将肥和土混拌均匀，3天后合垄。

（4）田间管理

①温度管理。定植后闭棚升温，促进缓苗。遇到寒潮可在棚内挂二层幕或在棚外围底脚覆草苫保温。白天温度超过30℃放风，午后气温降到25℃以下闭风，夜间保持10～13℃。中后期外温较高，外

温不低于 15℃时昼夜通风。

②搭架整枝。黄瓜缓苗后需及时搭架。为降低成本、减少遮光，大棚栽培最好用尼龙绳吊蔓。可根据株行距将吊绳直接系在拱架上，也可在定植行上拉细铁丝，将吊绳上端系在铁丝上。为了促进根系和瓜秧生长，12 节以下的侧枝尽早打掉。12 节以上的侧枝，叶腋有主蔓瓜的侧枝应打掉，叶腋无主蔓瓜的侧枝保留，结 1～2 条瓜，瓜前留 2 片叶摘心。植株长到 25～30 片叶时摘心，促进回头瓜、侧枝瓜生长。

③追肥灌水。春季外温回升快，黄瓜进入结果期后不但外温升高，光照也较充足，对黄瓜生育十分有利，应供给充足的肥水以夺取高产。采收初期，植株较矮，瓜数也少，通风量小，5～7 天浇 1 次水，水量应稍小些。此期因外界温度低，浇水应在上午 9 时以前完成，随即闭棚升温，温度超过 35℃放风排湿。进入结瓜盛期，植株蒸腾量较大，结瓜数多，通风量大，一般 3～4 天浇 1 次水，浇水量也应增加，并要隔一水追一次肥，复合肥与发酵饼肥交替使用。浇水应在傍晚进行，以降低夜温，加大昼夜温差。盛果期每 7～10 天喷 1 次浓度为 0.2%的磷酸二氢钾。

④及时采收。根瓜要适时早采，防止坠秧。结果初期 2～3 天采收一次，盛瓜期晴天每天采收一次，阴天 2～3 天采收一次。采收应在早晨进行，采收工作要细致，防止漏采。生长异常的畸形瓜应尽早摘除，以免影响植株生长。

提 示 板

温室大棚黄瓜定植后，不要急于合垄，否则容易引发茎基腐病。最好在定植 3 天后，幼苗已适应定植后的生长环境，基本缓苗后再行合垄，有利于提高定植成活率，减少茎基腐病的发生。

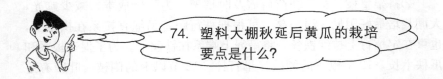

74. 塑料大棚秋延后黄瓜的栽培要点是什么?

秋延后大棚黄瓜是在秋季冷凉季节,利用大棚保温作用继续生产黄瓜。该茬前期处于高温季节,病毒病发生较为严重,后期温度急剧降低,因此在栽培管理上与春黄瓜有很大差异。

(1) 播种育苗 大棚秋黄瓜可育苗移栽,也可直播。播种期既不能太早也不能太晚,播期太早,苗期赶上高温多雨,病害较重;虽然早期产量较高,但与露地黄瓜一起上市,价格较低。播期过晚,生长后期温度急剧下降,造成产量降低。一般北方地区可在 7 月末至 8 月初播种,江南地区则以 8 月下旬至 9 月上旬为宜。

(2) 整地定植 大棚前茬作物拔秧后,清除残株杂草,每 667 米² 撒施农家肥 5 000 千克,深翻细耙,做成 1 米宽的畦。畦面按行距 45 厘米开两条定植沟,把苗坨按 33 厘米株距摆入沟中,株间点施磷酸二铵 20 千克左右,覆土后逐畦灌大水。每 667 米² 栽苗4 000株。

(3) 田间管理

①温度管理。前期处在高温强光季节,可采用网(遮阳网)膜(大棚膜)结合,上网下膜,盖顶不盖边,起到防雨降温的作用。进入伸蔓期后,应随外温下降应逐渐揭去遮阳网,盖好大棚膜。白天温度控制在 25～30℃,夜间 15～18℃。这一阶段的管理应注意白天通风换气,降低空气湿度,防止病害发生;同时注意夜间防寒保温。结瓜后期温度急剧下降,管理以防寒保温为主。同时要注意通风换气,防止棚内温度过高造成病害蔓延。白天保持 25℃左右,夜间维持在 15℃左右。夜温低于 13℃时,夜间不再留通风口,封闭大棚。这样可以尽量延长黄瓜的生长期,提高后期产量。

②水肥管理。定植初期放风量大，土壤水分蒸发快，每天灌一次水，在早晨或傍晚进行，有降低地温的作用，每次灌水以水刚布满畦面为准。进入结瓜期，肥水供应要充足，一般在根瓜接近采收时开始追肥，每次每 667 米^2 追硫酸铵 20 千克，均匀撒在畦面上，然后灌水。根据植株长势，追肥 2～3 次。结果后期黄瓜生长减慢，对肥水的要求降低，为降低棚内湿度，应严格控制浇水，一般 10～15 天浇1 次水。此时可以进行叶面追肥。

③搭架整枝。可参照大棚春黄瓜管理。

提 示 板

秋黄瓜处在最佳环境条件时间很短，所以管理上应抓住有利时机，盛果期争取获得较多产品。随着环境温度下降，瓜条生长速度逐渐趋于缓慢，后期 2~3 天采收一次，出现霜冻前，一次采收完毕。

75. 日光温室越冬茬黄瓜怎样整地定植？

越冬茬黄瓜一般在 11 月下旬至 12 月上旬定植。定植前 10～15 天清除上茬残株和杂草，并进行棚室内空间和土壤消毒。越冬茬黄瓜生育期较长，施足基肥是黄瓜高产的基础。在一般土壤肥力水平下，每 667 米^2 撒施优质腐熟农家肥 5 000 千克，然后深翻 30～40 厘米，耙细耧平。

日光温室越冬茬黄瓜为了加大行间通风透光，促进根系生长，增强光合作用，采用南北行向、大小行，垄作地膜覆盖栽培。具体定植方法是，首先从一端距山墙 40 厘米处划一条线，再按 50 厘米行距划

第二条线，第三条线行距为 80 厘米，第四条线仍按行距 50 厘米，构成大行距 80 厘米、小行距 50 厘米的大小行栽培。划好线后按直线开南北向施肥沟，沟内再施农家肥 5 000～6 000 千克，刨一遍逐沟灌水，水渗下后在大行间开沟，做成 80 厘米宽、10～13 厘米高的大垄，垄沟宽 50 厘米，可作为定植后生产管理的作业道。在大垄中间开个浅沟，作为膜下灌水的暗沟。

宜选择具有充足阳光的晴天午后光弱时进行定植，这样有利于缓苗。定植时在 80 厘米大垄的垄台上，按行距 50 厘米开两条定植沟，选整齐一致的秧苗，按平均株距 35 厘米将苗坨摆入沟中（南侧株距适当缩小，北侧株距适当加大），每 667 米^2 保苗 3 000～3 500 株。秧苗在沟中要摆成一条线，高矮一致，株间点施磷酸二铵或复合肥，每 667 米^2 30～40 千克，与土混拌均匀。苗摆好后，向沟内浇足定植水，在底墒充足的情况下，每株苗浇水 1.5 升左右。

定植 3 天、大部分幼苗缓苗后，开始合垄覆地膜。黄瓜栽苗深度以合完垄苗坨表面与地表面平齐为宜，要千万注意嫁接苗不要埋过接口处。定植完毕后，用小木板把垄台、垄帮刮平，在行间铺设滴灌管，然后覆地膜。

越冬茬黄瓜在行距 50 厘米的两小行上覆地膜，如图 33 所示。选用 90～100 厘米幅宽的地膜卷，在垄的北端用两个倒放的方木凳将地膜卷架起来，由两个人从垄的两侧把地膜同时拉向温室前底脚，并埋入垄南端土中，返回来在垄北端把地膜割断也埋入土中。最后在每株秧苗处开纵口，把秧苗引出膜外，并固定好地膜，用湿土封严定植口。

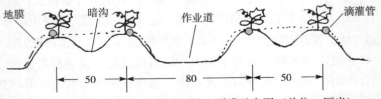

图 33　日光温室越冬茬黄瓜定植、覆膜示意图（单位：厘米）

提 示 板

　　日光温室越冬茬黄瓜定植时，气温、地温均较高。因此适合先定植，后盖地膜，这种方式有利于提高定植质量和浇足定植水，还能避免定植处膜孔过大，影响地膜的增温保墒效果。

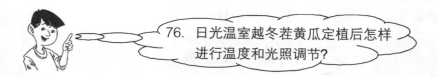

76. 日光温室越冬茬黄瓜定植后怎样进行温度和光照调节？

　　（1）温度管理　　定植后应密闭保温，尽量提高室内温、湿度，以利于缓苗。一般以日温25～28℃，夜温13～15℃为宜，地温要尽量保持在15℃以上。

　　进入抽蔓期以后，应根据黄瓜一天中光合作用和生长重心的变化进行温度管理。黄瓜上午光合作用比较旺盛，光合量占全天的60％～70％，下午光合作用减弱，约占全天的30％～40％。光合产物从午后3～4时开始向其他器官运输，养分运输的适温是16～20℃，15℃以下停滞，所以前半夜温度不能过低。后半夜到揭草苫前应降低温度，抑制呼吸消耗，在10～20℃范围内，温度越低，呼吸消耗越小。因此，为了促进光合产物的运输，抑制养分消耗，增加产量，在温度管理上应适当加大昼夜温差，实行四段变温管理，即上午为26～28℃，下午逐渐降到20～22℃，前半夜再降至15～17℃，后半夜降至10～12℃。白天超过30℃从顶部放风，午后降到20℃闭风，天气不好时可提早闭风，一般室温降到15℃时放草苫，遇到寒流可在17～18℃时放草苫。这样的管理有利于黄瓜雌花的形成，提高节成性。进入盛果期后仍实行变温管理，由于这一时期（3月以后）日照时数增加，光照由弱转强，室温可适当提高，上午保持 28～30℃，下午 22～24℃，前半夜 17～19℃，后半夜 12～14℃。在生育后期应加强通风，避免室温过高。

（2）光照调节　日光温室越冬茬黄瓜定植前期和结果初期正处于外界温度较低、光照较弱的时期，低温和弱光是黄瓜正常生长的限制因子。因此，越冬茬黄瓜光照调节的核心是增光补光，通过清洁棚膜、合理卷放草苫、张挂反光幕、人工补光等措施尽量延长光照时间，增加光照强度，以提高室内温度，促进植株的光合作用，使植株旺盛生长、结果，达到增产增收的目的。

提 示 板

　　严冬季节，外界光照弱、气温低，为保证温室夜间温度达到要求，可通过提高白天温度来增加墙体和土壤蓄热，即白天温室气温超过 36℃时开始通风换气。由于室内湿度较高，即使气温偏高也不会对黄瓜产生较大的影响。

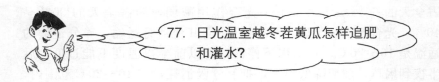

77. 日光温室越冬茬黄瓜怎样追肥和灌水？

　　越冬茬黄瓜肥水管理因黄瓜不同生育阶段及不同季节而不同。

　　（1）缓苗期　这一时期以促进缓苗为主要目标，要求土壤含水量较高，土壤绝对含水量 25％以上，所以定植水要浇足，定植后 3～5 天观测，发现水分不足时应在膜下沟内灌一次缓苗水，灌水时要灌透，并且要在晴天上午进行，避免严寒季节频繁浇水，降低地温。

（2）抽蔓期　此期以保水保温、控秧促根为主要目标，土壤含水量不要太高。如果定植水和缓苗水浇透，土壤不严重缺水，在根瓜形成前基本不追肥灌水，采用蹲苗的方式以促进根系发育。

（3）结果期　当大部分植株根瓜长到 10～15 厘米时，进行第一次浇水追肥。过早易造成茎叶徒长，影响结瓜；过晚可能使茎叶生长受到抑制，发生坠秧。此时如果植株长势旺，结瓜正常且不缺水时，可推迟到根瓜采收前进行；反之，则应提早浇水。每 667 米² 随水追施尿素 5 千克、硫酸钾 10 千克。灌水应选晴天，灌水后加强通风。

从采收初期至结瓜盛期一般 10～20 天灌一次水。2 月份以前，温度偏低，切忌放大风，浇明水，应采用膜下沟灌或滴灌，以提高地温，降低空气湿度。进入结果盛期后，外温高，放风量大，土壤水分蒸发快，需 5～10 天灌一次水，可明暗沟同时灌水。隔一水追一次肥，肥料以尿素、磷酸二铵、复合肥等交替施用，结果初期每次每 667 米² 施 10～15 千克，施用时把肥料溶于水中，然后随水灌入小行垄沟中，灌水后把地膜盖严；结果盛期每次每 667 米² 施 15～20 千克，盛果期开始在明沟追肥，可先松土，然后灌水追肥，并与暗沟交替进行。整个生育期追肥 10 次左右。

提　示　板

越冬茬黄瓜的追肥灌水，主要在结果期进行。从根瓜采收至拉秧期间，应以促进植株生长和调整植株营养生长与生殖生长平衡为中心进行栽培管理。此期大量结瓜，植株养分消耗多，必须加强肥水管理。

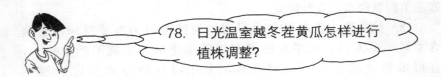

78. 日光温室越冬茬黄瓜怎样进行
植株调整?

（1）吊绳缠蔓　黄瓜定植后 1 周左右，开始吊绳引蔓。具体做法是在定植黄瓜南北垄的上端，南北拉一道细铁丝。为方便生长后期落蔓，可用 14 号铁丝制作一些"H"形小铁钩挂在温室上方的铁丝上。每棵植株准备 5 米长的尼龙吊绳，前期过长的尼龙绳都缠绕在小形铁钩上。吊绳上端通过铁钩挂在铁丝上，下端系竹棍插入土中。同时将蔓引到吊绳上。绑蔓时把个别长得高的植株弯曲缠绕，使龙头处在南低北高的一条斜线上（图 34）。

（2）整枝　黄瓜定植后生长迅速，每长出一节就要缠一次蔓，在缠蔓的同时，还要及时摘除雄花、卷须和砧木发出的侧枝，以及化瓜、弯瓜、畸形瓜。日光温室越冬茬嫁接的黄瓜，由于肥水充足，结果期容易发生侧枝，在栽培密度较大的情况下，不但消耗养分，还影响光照，因此应结合缠蔓及时摘除。在密度较小和枝叶不够繁茂的情况下，可保留 5 节以上侧枝，结一条瓜，并在瓜前留两片叶摘心，收完瓜后打掉。生长中后期，及时摘除植株底部的病叶、老叶，既能减少养分消耗，又有利于通风透光，还能减少病害发生和传播。

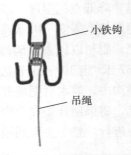

小铁钩

吊绳

图 34　"H"形小铁钩

（3）落蔓　日光温室越冬茬黄瓜以主蔓结瓜为主，整个生育期一般不摘心，在养分充足的情况下照样可结回头瓜。主蔓可高达 10 米以上，因此在生长过程中，为改善室内的光照条件，可随着下部果实的采收，随时落蔓，使植株高度始终保持 1.6 米左右，有利于通风透光，改善室内的光照条件。落蔓前打掉下部老叶，然后放松"H"形铁钩上的吊绳，每次使瓜秧随着吊绳自然下落 0.5 米左右，为龙头生长留出空间。落下的蔓顺其下落方向盘卧在地膜上。

提 示 板

黄瓜整枝落蔓尽量选择在下午进行。因为下午植株含水量低，黄瓜茎蔓韧性加强，可减少整枝打杈引起的损伤。另外，落下的茎蔓不要与土壤接触，以免产生不定根，诱发枯萎病。

79. 日光温室越冬茬黄瓜栽培遇连阴天怎样管理？

黄瓜越冬茬生产，在元旦经常遇到连续阴天，成为黄瓜冬季生产的一道难关。在这种情况下，管理上除尽量采取增光补光措施，还应采取相应的弱光期补偿管理，达到减灾保收的目的。

（1）低温管理 连阴天情况下，应采取适当的低温管理。因为在弱光条件下，黄瓜的光合作用受到光照强度的限制，光合产物减少，此时应通过降低温度来抑制呼吸，减少呼吸消耗，促进光合产物积累。白天叶片进行光合作用，温度可控制在 23～25℃，夜间为减少呼吸消耗，一定要将温度控制在较低水平，否则，夜温过高，呼吸速率增加，白天合成的有限的光合产物将全部用于呼吸消耗，植株衰弱，难以形成产量。前半夜温度可控制在 13～15℃，后半夜则可降至 8～10℃，早晨揭苫前甚至可以降至 5～8℃。

（2）控制浇水　弱光条件下，进行低温管理，植株生长相对缓慢，适当控制浇水。否则温度降低，湿度升高对黄瓜生长不利，且易诱发病害。如需浇水，应选择晴天上午进行，水量不可过大，浇水后停止通风，使棚温尽快恢复。

（3）追肥管理　弱光条件下，应控制化肥特别是氮肥的施用，尽量不施铵态氮肥，否则，在相对密闭而又少浇水的温室内易发生氨气和亚硝酸气体危害。最好采用叶面喷肥，以磷酸二氢钾、尿素、白糖为主，以弥补低温弱光条件下植株根系吸收之不足，增加光能合成，使秧苗生长。

（4）及时防病　日光温室冬季遇连阴天是诱发黄瓜灰霉病的重要环境因子。因此，此期应加强药剂防治，以防为主，在植株发病前或发病初期及时施药预防。为降低湿度，可采用粉尘剂、烟雾剂等防病技术。

提 示 板

　　连续阴天过后，天气突然转晴，气温迅速上升，黄瓜叶片极易出现萎蔫现象，此时应立即放下草苫，待叶片恢复后再把草苫卷起来，发现再萎蔫时，再把草苫放下，如此反复几次，直到不再萎蔫为止。

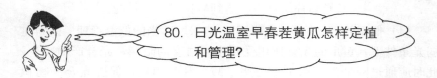

80. 日光温室早春茬黄瓜怎样定植和管理？

（1）整地定植　日光温室早春茬黄瓜当温室内最低气温高于8℃，最低地温高于10℃时方可定植，一般在2月上中旬定植。定植前每667米² 施腐熟农家肥7 000～8 000千克作基肥，其整地方法可参照

越冬茬黄瓜。早春茬黄瓜定植时，室内地温较低，多采用先覆膜、后栽苗的方法。具体做法是定植前 7 天整地后扣好地膜，以提高地温。定植时按株距开穴，打少量底水后摆苗，3 天后，当大部分幼苗基本缓苗时封埯。

（2）田间管理

①温度管理。定植后以促进缓苗为重点，提高室内温度，促进新根生长，以利缓苗。缓苗后以促根控秧为重点，温度管理上适当加大昼夜温差，实行四段变温管理，白天上午控制在 25～30℃，午后20～25℃，20℃时闭棚，15℃时放草苫；前半夜保持 15～17℃，后半夜 11～12℃，此时正处于低温季节，因此应加强夜间保温。3 月份以后，黄瓜开始进入结果期，此时外温开始升高，光照增强，其管理重点是加大肥水，提高早期产量，避开大棚黄瓜的产量高峰，充分发挥日光温室的优势。管理上应以促进植株生长和调节植株营养生长和生殖生长平衡为中心。为促进生长发育，提高早期产量，仍采用变温管理，可适当提高温度。白天 25～32℃，超过 32℃放风，18℃覆盖草苫；前半夜保持 16～20℃，后半夜 13～15℃。进入结果盛期，随着外温的提高，早揭晚盖最后撤掉草苫。当外界温度不低于 15℃时昼夜放风。生育后期注意加强通风，避免室内高温。

②追肥灌水。缓苗期间如水分不足，可浇一次缓苗水，水量不可过大。根瓜采收前一般不进行追肥灌水，当根瓜伸长、瓜柄颜色转绿时，开始追肥灌水，每 667 米^2 追施磷酸二铵 10～15 千克，肥料先溶解后随水冲施，灌水要选在晴天的上午。结果前期，10～15 天灌一次水，隔一次清水追一次肥，每次追肥量 15～20 千克，尿素、碳酸氢铵、磷酸二铵、硫酸钾等交替使用。进入结瓜盛期，一般每5～10天灌一次水，每 10～15 天追一次肥，以追施尿素和钾肥为主，每次每 667 米^2 施用 10～15 千克。每次灌水都要选择晴天，灌水后加大放风量。

③植株调整。黄瓜开始伸蔓时要及时吊蔓缠蔓，摘除砧木萌芽、雄花、卷须等，同时摘除根瓜以下的所有侧枝。根瓜坐住后，上部茎

节处所形成的侧枝可在见瓜后留 1 片叶摘心，以利于提高早期产量。早春茬黄瓜不打顶，和越冬茬黄瓜管理一样，随着下部果实的采收要及时落蔓。

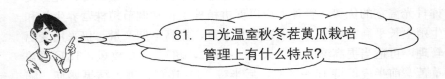

提　示　板

　　日光温室早春茬黄瓜定植时尚处于低温弱光期，地温也较低。因此，定植前及定植后的一段时间内，管理上应以保温促长为核心。遇到寒流，在室内进行多层覆盖防寒保温，定植水和缓苗水尽量少浇，以免地温降低过多。进入结果期后，外界温度升高，开始大肥大水供应。

81. 日光温室秋冬茬黄瓜栽培管理上有什么特点?

　　日光温室秋冬茬黄瓜栽培，是以深秋和初冬供应市场为主要目标，是黄瓜周年供应中的重要一环。该茬黄瓜所经历的环境条件与越冬茬黄瓜所经历的环境条件恰恰相反，幼苗期处于高温季节，经过一段较短适温期后，随即转入低温期，光照也由强变弱，所以在栽培管理上与越冬茬黄瓜有很大差异。

　　（1）整地定植　每 667 米^2 撒施优质农家肥 5 000～6 000 千克，深翻、细耙、整平，按 50 厘米小行、80 厘米大行开定植沟。定植在 9 月份进行，定植前温室前屋面覆盖薄膜，底脚揭开，后部开通风口。黄瓜播种后 15～20 天，幼苗二叶一心时为定植适期。苗龄不可偏大，否则伤根多，缓苗慢。定植应选择晴天的下午 3 时以后或阴天进行，避免在高温强光下定植。定植时按株距 25 厘米株摆苗，每

667米²保苗3 700株左右。定植深度以苗坨表面低于垄面2厘米为宜，并在两坨中间点施磷酸二铵，每667米²40～50千克，培土稳坨，然后浇足水。因秋天温度高，蒸发量大，可连续浇2～3次水，缓苗之后，适时松土，封好定植沟，覆盖地膜。

（2）田间管理

①温度管理。定植初期（10月份以前），外界温度比较高，因此温室的各通风口都应打开，昼夜放风。下雨前应把薄膜盖好，防止雨水进入温室，导致高湿，造成徒长和发生病害。进入10月份，当外界最低温度降至15℃时，要逐渐减少通风量，白天保持25～30℃，夜间13～15℃，当外界最低气温降至12℃，夜间开始闭风。当夜间室内气温降至10～12℃时，开始覆盖草苫，前期要早揭、晚盖，进入严冬季节，适当晚揭早盖，遇到灾害性天气，还应采取保温措施。

②水肥管理。秋冬茬黄瓜第一次追肥灌水应在根瓜膨大期进行，每667米²随水冲施尿素或磷酸二铵15～20千克，保持地表见干见湿。结果前期光照强、温度高，放风量大，土壤水分蒸发快，可以适当勤浇水，每隔5～6天浇一次水，浇水后要加强放风。浇水最好在早晨、傍晚进行。一般灌2次水追一次肥。随着外界气温的下降，可减少灌水次数，11月份之后不再灌水。根据植株生长情况，为防止叶片早衰，可进行根外追肥，用磷酸二氢钾、叶面宝等进行喷施。12月份以后不再追肥，争取在10～11月份获得高产。

③植株调整。秋冬茬黄瓜缓苗后应及时吊蔓缠蔓，摘除卷须、雄花和畸形瓜，黄叶、病叶及时打掉。对于以主蔓结瓜为主的品种，应及时打掉侧枝。对侧枝分生能力强，结瓜性好的品种，可摘除10片叶以下侧枝，10片叶以上的侧枝发生后很快出现雌花，在雌花前留1～2片叶摘心。秋冬茬黄瓜生育期短，不能像春茬黄瓜那样无限生长，植株达到25节摘心。在温光条件适宜、肥水充足的情况下，可促进回头瓜发育。

提 示 板

　　秋冬茬黄瓜结果前期，温光适宜，瓜条生长快，必须提高采收频率，甚至每天采收一次。以后随着外温的下降，光照减弱，瓜条生长缓慢，要相应降低采收频率，尤其是进入 12 月份以后，市场黄瓜比较短缺，更要尽量延迟采收。

第四部分　病虫害和生理障害防治

82. 怎样正确地稀释、混合农药？

　　农药在使用前都要根据产品所含的有效成分及使用的浓度进行稀释后才能使用。这样容易喷洒均匀，不会出现药害。药剂浓度常用以下三种方法表示：

　　（1）百分浓度　100份药液或药粉中，含纯药的份数，用％号表示。例如50％的多菌灵可湿性粉剂，是指药剂中含有50％的原药；再如配制0.1％的速克灵加番茄灵药液蘸番茄花，是指药液中含有0.1％的速克灵原药。用50％的速克灵配0.5千克药液，可根据以下公式计算：

　　使用浓度（％）×用水量（克）＝原药量（克）×原药含量（％）

　　原药量＝使用浓度（％）×用水量（克）÷原药含量（％）

　　　　＝0.1％×0.5千克÷50％

　　　　＝1克

　　称取1克50％速克灵，加入500克水中，搅拌均匀，即为0.1％的速克灵药液。

　　（2）百万分浓度　100万份药液或药粉中，含纯药的份数，原来用ppm表示，现多用毫克/千克、毫克/升或微升/升表示。100

毫克/升的乙烯利溶液，其药液中每升原药含量为 100 毫克。

例如配制 50 毫克/升的赤霉素（九二〇）药液 500 毫升，可用以下公式计算：

$$\frac{\text{使用浓度}}{\text{（毫克/升）}}\times\frac{\text{用药量}}{\text{（毫升）}}=\frac{\text{原药浓度}}{\text{（毫克/升）}}\times\frac{\text{所需原药数量}}{\text{（毫升）}}$$

配制时，需先用酒精把赤霉素原粉溶解后，再对水稀释。1 克 85% 的赤霉素原粉，用 100 毫升酒精溶解，其药液浓度计算如下：

1 000 毫克（1 克）×85%÷0.1 升（100 毫升）＝8 500 毫克/升

配制 50 毫克/升的赤霉素药液 500 毫升，需用原液数量计算如下：

所需原液数量＝使用浓度（毫克/升）×用药量（毫升）÷原药
　　　　　　浓度（毫克/升）
　　　　　　＝50×500÷8 500
　　　　　　＝2.94（毫升）

计算得知 500 毫升水中，需加入 2.94 毫升九二〇酒精原液，即配成 50 毫克/升的赤霉素药液。

（3）倍数法　药液或药粉中的加水（或填充料）量为原药加工品量的多少倍。实际应用时，分以下两种情况：

①稀释 100 倍或 100 倍以内的，要扣除原药剂所占的 1 份。计算公式为：

加水量＝原药用量×稀释倍数－原药用量

如将 0.5 升福尔马林稀释 100 倍，则加水量＝0.5 升×100－0.5 升＝49.5 升

②如稀释 100 倍以上的，则不需扣除原药所占的 1 份。计算公式为：

用水量＝原药用量×稀释倍数

如将 10 克 50% 的多菌灵稀释成其 600 倍液，则用水量＝10 克×600＝6 000 克＝6 升。

目前许多生产厂家所生产的农药，大部分标明使用倍数，在使用前只要认真阅读农药标签，按其说明方法进行稀释配制即可。

黄瓜病虫害种类较多，有时需要同时防治好几种病虫，为了节省打药用工，可将几种农药混合使用，达到一次用药防治多种病虫害的目的。然而不是所有农药都能混合使用，农药混合时要遵循以下原则：

（1）农药混合后不能产生不良的物理化学变化。碱性农药不能与酸性农药混合，如波尔多液、铜皂液、石灰硫黄合剂等碱性农药不能与代森锌、乐果等混合，否则会发生水解反应，降低药效。有些农药混合后，发生乳液分层、沉淀、漂油等物理性状的变化，也不可混合使用。

（2）农药混合后不降低药效或产生对作物有害的物质，使作物发生药害。

（3）农药混合后对人畜的毒性不能增加。

提 示 板

农药混合时要注意浓度的计算。如混配 1 000 倍的甲药和乙药，有人分别配好 1 000 倍的甲药和 1 000 倍的乙药再混合到一起，这实际上是 2 000 倍的药液。应在配成 1 000 倍液所用的水量中加入甲药、乙药各一份。如在 100 升水中加 0.1 千克的甲药和 0.1 千克乙药，才是 1 000 倍的甲、乙混合药液。

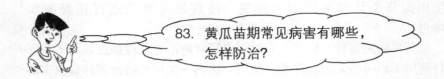

83. 黄瓜苗期常见病害有哪些，怎样防治？

黄瓜苗期主要有猝倒病、立枯病两种病害。

（1）症状和流行规律

①猝倒病。苗期土表以上的茎部初呈水渍状，后缢缩为线状，幼苗倒地死亡，子叶尚保持绿色。开始个别幼苗发病，几天后以此为中心，向邻近植株蔓延，黄瓜幼苗成片猝倒死亡。湿度大时病株附近长出白色棉絮状菌丝。猝倒病的病原真菌在土壤表层越冬，长期存活，可随水传播，高湿条件有利发病，棚室内遇阴雨低温天气发病重。

②立枯病。主要为害幼苗茎基部或地下根部。发病初期茎部出现椭圆形暗褐色病斑，有的病苗白天萎蔫夜间恢复，严重时病斑绕茎一周，凹陷，干缩死亡，但不易折倒，病部具轮纹或淡褐色网状霉层。病原真菌寄主范围广，且能在土壤中长期存活。主要通过流水、菌土、菌肥、农事操作等传播蔓延。多在苗床湿度较高或育苗后期发生，病菌从幼苗根茎的伤口或直接穿皮侵入。阴雨多湿、土壤黏重、重茬发病重。

（2）防治方法　①选用无病新土做床土，播种前对床土进行消毒。②播种前一次浇透底水，播种时用药土下铺上盖，分苗前一般不浇水，尽量提高苗床温度，注意通风换气。③发现病苗应及时拔除，清除邻近病土，并以高浓度的药土回填病穴。药剂可选用 25% 甲霜灵可湿性粉剂，或 50% 多菌灵可湿性粉剂，或 50% 托布津可湿性粉剂。尽量不喷药，以免增加苗床湿度。发现病害后应及时分苗，以防病害蔓延。

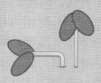

提 示 板

　　猝倒病和立枯病的病原菌广泛存在于土壤中，低温高湿条件下有利于发病。床土消毒、提高苗床温度、增加光照、降低湿度是减少病害发生和传播的根本措施。如一旦发现局部发病，应提早分苗，以减小损失。

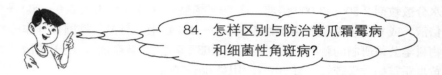

84. 怎样区别与防治黄瓜霜霉病和细菌性角斑病？

　　（1）症状和流行规律

　　①霜霉病。俗称"黑毛"或"跑马干"，为真菌性病害。苗期、成株期均能发病。发病初期，霜霉病叶片上出现水浸状病斑，尤其是早晨有露水时，瓜叶上有明显水印，白天消失。傍晚时又出现，反复2～3天，水印不消失，开始发病。湿度大时病斑背面出现灰色霉层。严重时叶片布满病斑，病斑连片使叶片卷缩干枯，最后叶片枯黄而死。霜霉病的发生与温、湿度关系极为密切，气温低于15℃，高于28℃不利于发病，发病适宜温度15～22℃。叶面存有水膜（滴）时，极易发生和传播。

　　②细菌性角斑病。主要发生在叶片上，最初出现油渍状小斑点，以后扩大，因受叶脉限制形成多角形黄褐色病斑。潮湿时叶背病斑处有乳白色菌脓，最后病斑容易开裂或穿孔。果实及茎上病斑初期呈水渍状，表面有白色菌脓。果实上病斑可向内扩展，沿维管束的果肉逐渐变色，并可蔓延到种子。幼苗期发病，子叶上初生油渍状圆斑，稍凹陷，后变褐色干枯。病部向幼茎蔓延，可引起幼苗软化死亡。病原物为细菌，在种子内或随病残体遗留在土壤中越冬。病菌被雨水溅至茎、叶上引起初

侵染，近地面的叶片和果实容易发病。潮湿时病斑上产生乳白色菌浓，通过雨水、昆虫和农事操作等途径传播，进行再侵染。空气湿度大有利于发病，温度25～27℃细菌繁殖快，发病严重。重茬也容易发病。

（2）防治方法　防治霜霉病首先要培育适龄壮苗，定植后控制好棚室空气湿度，减少结露时间。发现霜霉病中心病株后，要及时摘除病叶，喷药防止病害发展。药剂可选用25％甲霜灵可湿性粉剂1 000倍液，或80％大生可湿性粉剂800倍液，或72％克露可湿性粉剂600～800倍液，或47％加瑞农可湿性粉剂600～800倍液，或52.5％抑快净水分散粒剂2 500～3 000倍液，或50％烯酰吗啉可湿性粉剂600～800倍液，或69％安克锰锌可湿性粉剂600～800倍液。目前，德国拜耳作物科学公司研制的新型杀菌剂银法利（687.5克/升悬浮剂），用于防治黄瓜霜霉病效果较好，每667米^{2}用量60～75毫升。

细菌性角斑病可通过种子传播，因此播种时应选用无病种子，或进行种子消毒。发现病害可用农用链霉素200毫克/升，或新植霉素150～200毫克/升，或47％加瑞农可湿性粉剂600倍液，或10％高效杀菌宝水剂300～400倍液，或7％可杀得可湿性粉剂400倍液，或中生菌素（克菌康）1 000倍药液喷雾防治。

提 示 板

霜霉病为真菌性病害，角斑病为细菌性病害，二者症状相似，需加以区别。角斑病除为害叶片外，还为害瓜条，而霜霉病主要为害叶片，不为害瓜条。发病初期，霜霉病病叶上出现水渍状浅绿病斑，角斑病病叶上呈油浸状小亮点，稍凹陷。发病中期，两者病斑均为角状，颜色都为黄褐色，但将病斑对光透视，霜霉病无透光感，角斑病有透光感觉。湿度大时，霜霉病叶背病斑处有灰黑色霉状物，而角斑病则有白色菌脓溢出。发病后期，霜霉病病叶不穿孔脱落，而角斑病病叶穿孔脱落。

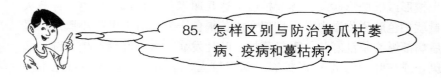

85. 怎样区别与防治黄瓜枯萎病、疫病和蔓枯病？

（1）症状和流行规律

①枯萎病。又叫萎蔫病，为真菌性病害。典型症状是茎叶萎蔫，中午明显，早晚恢复正常，2～3天后不再恢复，叶片全部萎蔫下垂。病茎基部稍收缩，常纵裂，表面流出粉红色胶质物。切开病茎，可发现维管束变黄褐色。病菌在土中病株残体上越冬，可存活5～6年，种子和未腐熟的畜粪也能带菌。病菌通过灌溉水、雨水和昆虫传播，从植株伤口或根毛处侵入，在维管束内寄生，阻塞导管，并可分泌毒素引起发病。土壤温、湿度对发病影响较大，8～34℃范围内均可发病，适温为24～25℃，相对湿度95％以上最容易发病。土温15～20℃，含水量忽高忽低，不利于根系生长和伤口愈合，而有利于病菌侵入，发病严重。

②疫病。俗称"死藤"、"烂蔓"，为真菌性病害。苗期、成株期均可发病。苗期发病，多从嫩茎生长点上发生，初期呈现水渍状萎蔫，最后干枯呈秃尖状。叶片上产生圆形或不规则形、暗绿色的水渍状病斑，边缘不明显，扩展很快，湿度大时腐烂，干燥时呈青白色，易破碎。茎基部也易感病，造成幼苗死亡。成株期发病，主要在茎基部或嫩茎节部发病，先呈水渍状暗绿色，病部软化缢缩，其上部叶片逐渐萎蔫下垂，以后全株枯死。瓜条发病时，形成暗绿色圆形凹陷的水浸状病斑，很快扩展到全果，病果皱缩软腐，表面长出灰白色稀疏的霉状物。病原菌在土壤或基肥中越冬，主要通过雨水或灌溉水传播。在9～37℃范围内均能发病，以23～32℃、相对湿度95％条件下最容易发病。所以，黄瓜疫病在雨季或浇水时蔓延很快。

③蔓枯病。又称蔓割病，为真菌性病害。茎蔓发病，多在节部出现梭形或椭圆形病斑，逐渐扩展可达几厘米长。病部灰白色，伴有大量琥珀色胶质物溢出，后病部变成黄褐色干缩，其上散生小黑点，最后病部纵裂呈乱麻状，引起蔓枯。叶片发病，多在叶缘产生半圆形病斑，或在叶缘内呈 V 形扩展。病斑较大，呈黄褐色，隐约可见不明显轮纹，其上散生许多小黑点，后期病斑容易破裂。病叶自下而上枯黄，不脱落，严重时只剩顶部 1～2 片叶。病菌以分生孢子器或子囊壳随病残体在土中越冬，或以分生孢子器附着在种子表面，或黏附在架材和棚室骨架上，第二年借风雨及灌水传播。病菌喜温、湿条件，在 20～25℃、相对湿度 85％以上，定植密度大，通风不良条件下容易发病。

（2）防治方法　以上三种病害症状相似，均为真菌性病害，但病原菌各不相同。防治以上三种病害最基本的措施就是轮作倒茬、土壤消毒、嫁接换根、种子消毒和高垄覆膜栽培。生产中如果发现病株，一定要立即拔除，带出田外深埋或烧毁，并用生石灰处理病穴，然后立即用药剂防治。如诊断为枯萎病需及时灌根，药剂可用 70％甲基托布津可湿性粉剂 700 倍液，或绿亨 1 号（恶霉灵）800～1 000 倍液，或 20％甲基立枯磷乳油 1 000 倍液灌根，每株灌药液 300～500 毫升，1 周灌 1 次，连续 2～3 次；如诊断为疫病，应及时喷药并灌根，药剂可选用 80％大生可湿性粉剂 800 倍液，或 72％克露可湿性粉剂 600～800 倍液，或 69％安克锰锌可湿性粉剂 600～800 倍液，连续用药 2～3 次；如诊断为蔓枯病，则需及时喷施 70％品润干悬浮剂 800 倍液，或 40％福星乳油 8 000 倍液，或 60％百泰可分散粒剂 1 500倍液，或 25％凯润乳油 3 000 倍液，或 50％施保功可湿性粉剂 500 倍液，或 25％嘧菌酯胶悬剂 1500 倍，或 10％苯醚甲环唑可分散粒剂 1 500 倍液，连续防治 2～3 次。

提 示 板

　　黄瓜蔓枯病多从茎表面向内部发展，维管束不变色，不会全株死亡，这是蔓枯病与枯萎病的重要区别。黄瓜疫病地上部症状与枯萎病极其相似，但切开病株茎基部，维管束变黄褐色为枯萎病，不变色的是疫病。

86. 怎样防治黄瓜灰霉病?

　　（1）症状和发病规律　黄瓜灰霉病是日光温室冬季黄瓜生产最重要的病害之一，真菌性病害。病菌主要从开败的雌花花瓣侵入，造成花腐烂，并长出灰色霉层。进而为害柱头，然后向果实扩展。果实发病开始果皮呈灰白色水渍状，病部逐渐变软、腐烂，出现大量的灰色霉层。如病花、病果落在叶片和茎上，则引起叶片和茎上发病。叶片病斑呈 V 形，有轮纹，后期也生灰霉。茎主要在节上发病，病部表面灰白色，密生灰霉，当病斑绕茎一圈后，茎蔓折断，其上部萎蔫，整株死亡。黄瓜灰霉病的病菌在病残体上或土壤中越冬，分生孢子借气流、灌溉水和田间操作传播。花期是病菌侵染的高峰期，幼瓜膨大期浇水后，因湿度大而使病果猛增，这是烂果的高峰期。发病的适温 20℃左右，相对湿度 75％时病害开始发生，相对湿度达 90％以上时，发病严重。可见，灰霉病菌喜低温、高湿和弱光条件，加上肥料不足，长势弱，浇水过多，放风不好，更利于病害发生发展。

　　（2）防治方法　①加强栽培管理，低温季节经常清洁棚膜，增加光照，提高温度，尽量降低室内空气湿度。②定植前几天，用50％灭霉灵可湿性粉剂800倍液向苗床喷洒，做到瓜苗带药定植。③一旦发现病害，趁病部尚未长出灰霉之前及时摘除病果、病叶，并喷药防治。可用50％速克灵可湿性粉剂1 500倍液，或50％扑海因可湿性粉剂1 500倍液，或50％农利灵可湿性粉剂1 000倍液，或40％施佳乐（嘧霉胺）可湿性粉剂1 000倍液喷布。④发病初期用速克灵烟剂或25％多霉清烟剂或3.5％特克多烟剂，每667米² 每次250克，密闭烟熏防治，傍晚进行，每7天一次。

提 示 板

　　由于灰霉病的病菌主要从开败的雌花花瓣侵入，因此，将黄瓜凋萎后的花瓣及时摘除，装在塑料袋内，带出田外深埋或烧毁，可明显减少病菌在田间的传播。

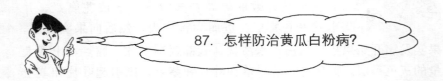

87. 怎样防治黄瓜白粉病？

　　（1）症状和发病规律　白粉病俗称"挂白灰"，真菌性病害。从苗期到采收期均可发生。主要为害叶片，也能为害叶柄和茎蔓。叶片发病先在叶背面出现白色小粉点，逐渐扩展成大小不等的白色圆形粉斑，后向四周扩展成边缘不明显的连片白粉，严重时整个叶片布满白粉。白粉初期鲜白，逐渐变为灰白色，后期粉层下产生散生或成对的小黑点。发病严重时叶片干枯。病菌喜温、湿，也耐干燥，10～30℃均可活动，最适活动温度20～25℃，相对湿度25％～85％。

（2）防治方法　①选用抗白粉病的杂交品种，实行轮作，加强通风透光，降低棚室温度，防止瓜秧徒长和脱肥早衰。②长发病的温室，定植前可用硫黄熏蒸消毒，100 米³ 空间用硫黄 250 克，锯末500 克，或 45％百菌清烟剂 250 克，分放几处点燃，密封熏蒸一夜，以杀灭整个棚室内的病菌。③发病初期喷药防治，可选用 2％武夷霉素水剂 200 倍液，或 30％特福灵可湿性粉剂 1 500 倍液，或 47％加瑞农可湿性粉剂 600～800 倍液，或 43％好力克悬浮剂 3 000～4 000倍液，25％腈菌唑乳油 5 000～6 000 倍液，或 10％世高水分散粒剂1 500～2 000 倍液，或 40％福星乳油 6 000～8 000 倍液，或 50％翠贝干悬浮剂 3 000 倍液喷雾。

提 示 板

白粉病发病初期，用 0.1％~0.2％的小苏打溶液喷雾防治效果良好。小苏打为弱碱性物质，可抑制多种真菌的生长蔓延。喷洒后可分解出水和二氧化碳，尚有促进光合作用之效，而且价廉、安全、无污染。

88. 怎样防治黄瓜黑星病?

（1）症状和流行规律　黄瓜黑星病为真菌性病害。在黄瓜整个生育期均可侵染发病，对植株幼嫩部分为害严重，而老叶和老瓜不敏感。幼苗染病，子叶上产生黄白色圆形斑点，子叶腐烂，严重时幼苗整株腐烂；稍大幼苗刚露出的真叶烂掉，形成双头苗、多头苗；侵染嫩叶时，起初为近圆形小斑点，进而扩大为 2～5

毫米淡黄色病斑，干枯后呈黄白色，易穿孔，边缘呈星纹状；嫩茎染病，初为水渍状暗绿色梭形斑，后变暗色，凹形龟裂，湿度大时病斑长出灰黑色霉层；生长点染病，心叶枯萎，形成秃桩；卷须染病则变褐腐烂；瓜条染病，起初为圆形或椭圆形褪绿小斑，病斑处溢出透明胶状物，后变为琥珀色，凝结成块。湿度大时，病斑部密生烟黑色霉层。病菌随病残体在土壤中越冬，靠风雨、气流、农事操作传播。种子可以带菌。冷凉多雨，容易发病。一般在定植后到结瓜期发病最多，大棚最低温度低于10℃，相对湿度高于90％时容易发生。

（2）防治方法　①加强植物检疫，未发病地区应严禁从疫区调入带菌种子，采种时应从无病植株采种，防止病害传播蔓延。②播前用温汤浸种或用50％多菌灵可湿性粉剂500倍液浸种20分钟可获得较好的防治效果。③定植前用烟雾剂熏蒸空棚，杀死棚内残留细菌。④发病初期喷10％苯醚甲环唑可分散粒剂2 000倍液，或60％百泰可分散粒剂1 500倍液，或40％福星乳油8 000倍液，或43％好力克悬浮剂3 000倍液，或30％特富灵可湿性粉剂1 500倍液，或52.5％抑快净可分散粒剂2 000倍液，或50％翠贝干悬浮剂3 000倍液，特别注意喷幼嫩部分，每隔7～10天喷1次，交替选用农药，连续防治2～3次。

提　示　板

黄瓜黑星病可通过生态防治来控制。管理上采用放风排湿、控制灌水等措施降低棚内湿度，减少叶面结露，抑制病菌萌发和侵入，白天控温28~30℃，夜间15℃，相对湿度低于90%，或控制室内湿度高于90%不超过8小时，可减轻发病。

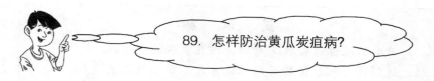

89. 怎样防治黄瓜炭疽病？

（1）症状和流行规律　黄瓜炭疽病为真菌性病害。苗期、成株期均可发病，苗期发病多在子叶上产生圆形淡褐色稍凹陷病斑，病斑上生有橘红色黏质物。有时幼茎接近地面处发病，产生淡褐色病斑，后病部缢缩，幼苗倒折死亡。成株期主要为害叶片，叶片上病斑圆形或近圆形，直径10～15毫米。病斑红褐色，边缘常有红色晕圈，湿度大时病斑上溢出少许橘红色黏质物，干燥时病斑中部有时出现星形破裂。果实上发病，以老熟的种瓜为主，病斑圆形，初为绿色，后暗褐色，凹陷，有时开裂，湿度大时病斑中央溢出大量橘红色黏质物。仔细观察有些病斑有同心轮纹。炭疽病的病原菌在种子或土壤中越冬。发病后病部产生大量分生孢子，借气流、水溅、农事操作、昆虫等传播。病菌在 8 ～ 30℃ 范围内均可生长发育，适宜温度为24～25℃，相对湿度95％以上对发病最有利，相对湿度低于54％则不能发病。

（2）防治方法　①播前采用温汤浸种或50％多菌灵可湿性粉剂500 倍液浸种 1 小时，用清水洗净后催芽播种。②实行高畦覆膜栽培，增施磷、钾肥，提高植株抗病性。③发现中心病株立即摘除病叶、病果，及时用药剂防治。药剂可选用 80％大生可湿性粉剂500～800倍液，或 50％咪鲜胺锰盐可湿性粉剂 1 500 倍液，或 50％利得可湿性粉剂 800 倍液，或 25％炭特灵可湿性粉剂 500 倍液，或2％武夷霉素水剂 200 倍液，或 80％炭疽福美可湿性粉剂 800 倍液，或 70％代森联（品润）干悬浮剂 600 倍液，或 2.5％咯菌腈悬浮剂 1 000倍液，隔7～10天1次，连续防治2～3次。

提　示　板

　　黄瓜苗经低温处理 7 天后，对炭疽病能产生抗性，这种诱导抗性持续时间可达 8 天。设施栽培黄瓜，上午温度控制在 30~33℃，下午和晚上适当放风，把湿度降至 70% 以下，减少叶面结露和吐水，可控制病害发生。

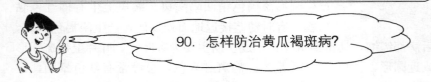

90. 怎样防治黄瓜褐斑病？

　　（1）症状和流行规律　又称环斑病或靶斑病，真菌性病害，主要为害黄瓜叶片。多从黄瓜盛瓜期开始发病，中、下部叶片先发病，向上发展。初期在叶面生出灰褐色小斑点，逐渐扩展成大小不等的圆形或近圆形边缘不太整齐的褐色病斑。后期病斑中部颜色变浅，有时呈灰白色，边缘灰褐色。湿度大时病斑正、背面均生稀疏的淡灰褐色霉状物。有时病斑相融合，叶片枯黄。发病重时，茎蔓和叶柄上也会出现椭圆形的灰褐色病斑。病菌在土壤中越冬，黄瓜和南瓜种子上均可带菌。病菌借气流或雨水飞溅传播，进行初次侵染，初侵后形成的病斑所生成的分生孢子借风雨向周围蔓延。分生孢子传播多在白天进行。病害在 25～28℃、饱和相对湿度下发病重，昼夜温差大的环境条件会加重病情。植株衰弱、偏施氮肥、微量元素硼缺乏时发病重。

　　（2）防治方法　①黄瓜和嫁接砧木南瓜种子均采用温汤浸种或热水烫种进行消毒，以防种子带菌。②彻底清除田间病残株，并随之深翻土壤，以减少田间初侵菌源。③施足基肥，适时追肥，避免偏施氮肥，增施磷、钾肥，适量施用硼肥。④发病初期摘除病叶，及时用

75％百菌清可湿性粉剂 500 倍液，或 70％代森锰锌可湿性粉剂 500
倍液，或 40％腈菌唑乳油 3 000 倍液，或 40％嘧霉胺悬浮剂 500 倍
液，或 41％乙蒜素乳油 2 000 倍液，或 65％甲硫•霉灵可湿性粉剂
600 倍液，或 50％福美双可湿性粉剂 500 倍液，或 40％菌核净可湿
性粉剂 800 倍液喷雾防治，5～7 天 1 次，连喷 3 次。

提　示　板

　　黄瓜褐斑病发病初期病斑表现为多角形，易与黄瓜
细菌性角斑病和霜霉病混淆，发病后期与炭疽病不易区
分，因此显微镜检查病原菌对于确诊该病害是必要的。

91. 怎样防治黄瓜菌核病?

　　（1）症状和流行规律　菌核病为真菌性病害，
主要在成株期发病，首先在衰老的叶片或开败的花
瓣上发生。叶片发病初期出现水浸状褐色斑点，后
病斑扩大，其表面长有白色菌丝体，同时还伴有水
珠发生，随之茎蔓病部组织腐烂并形成少量黑色菌核。瓜条发病，多
由残花萼处先发病，初呈暗色水浸状腐烂，向上蔓延至瓜尖直至整个
瓜条。瓜条病部褐色，腐烂，表面长满棉絮状白色菌丝，3～5 天后
在菌丝层内长出黑色鼠粪状菌核。瓜条病部扩展到瓜条一半以上时，
病瓜多半坠落于地，少数悬挂茎蔓上最后失水成为僵果。病菌以菌核
留在土中或混杂在种子中越冬，当温、湿度适宜时，萌发产生子囊盘
和子囊孢子，随风、雨进行传播蔓延。菌丝生长最适温度为 20℃，
孢子萌发的适温为 5～10℃，而菌核萌发最适温度是 15℃左右。相对

湿度大于 85％时，则有利于病菌的发育。

（2）防治方法 ①对病地要进行深翻，使菌核深埋土中不能萌发出土。②采用高畦或半高畦铺盖地膜栽培，以防止子囊盘出土；发现子囊盘，可进行中耕，及时铲除子囊盘，带出田外深埋或烧毁。③定植前可用 10％速克灵或 15％腐霉利烟熏剂，傍晚进行密闭烟熏，每 667 米² 每次 250 克，隔 7 天熏一次，连熏 3～4 次；发病初期，可喷 50％速克灵可湿性粉剂 1 000～1 500 倍液，或 25％万霉灵可湿性粉剂 1 000～1 500 倍液，或 50％农利灵可湿性粉剂 600～800 倍液，或 50％灭霉灵可湿性粉剂 600～800 倍液，隔 7 天喷 1 次，一般在盛花期开始喷，连续喷 3～4 次；瓜蔓病部，除喷药外，还可把上述药剂采用高浓度（20～30 倍液）涂抹处理后再喷药液，效果更佳。

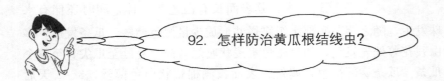

提 示 板

播种前如发现种子中混杂有菌核及病株残屑，可用 10％盐水淘洗种子，去除上浮的菌核等杂物，然后用清水反复冲洗种子，以免影响发芽。也可用 55℃温水浸种 15 分钟，杀死菌核，然后在冷水中浸 3 小时，再催芽播种。

92. 怎样防治黄瓜根结线虫？

（1）症状 近年来，根结线虫对设施黄瓜的危害越来越严重。土壤中的线虫侵害黄瓜幼根，并在根内分泌有害物质刺激导管细胞膨胀形成巨型细胞或虫瘿（根结），外形类似许多大小不同

的肿瘤，肿瘤开始呈白色，后期变成浅褐色，剖开受害部位在显微镜下观察，可见组织内有很多细小的乳白色线虫。由于根的导管被阻，严重影响其对养分及水分的吸收利用，造成植株生长迟缓，叶片小而黄，中午前萎蔫，严重时根系提早衰败甚至坏死，植株干枯死亡。

（2）为害特点　根结线虫是以雌成虫、卵和 2 龄幼虫随病根残体在土壤和粪肥中越冬，一般可存活 1～3 年。越冬卵孵化为幼虫，蜕皮后的以 2 龄幼虫侵染蔬菜的根。线虫发育适宜温度为 25～30℃，10℃以下停止活动，致死温度为 55℃、5 分钟。在 27℃时 25～30 天即可完成一代，温室大棚内一年可发生 5～6 代，且秋茬重于春茬。土壤不干不湿，持水量在 40％左右时有利于其活动为害。土壤透气性好，适于线虫活动，故沙壤土质较黏壤土质为害重。线虫主要分布在 20 厘米深的土层内，尤以 5～20 厘米土层内数量最多。根结线虫可随水游动传播，并可通过苗木、垃圾或粪肥等远距离传播，农事操作及农具携带也有一定的传播作用。

（3）防治方法　①育苗营养土进行消毒处理，杜绝苗期侵害。②与葱蒜类、韭菜、辣椒、甘蓝等抗线虫病作物轮作。③利用设施夏季休闲期，连续灌水，保持地面 3 厘米左右的水层 5～7 天，能明显抑制各虫态线虫的发生为害。④定植前对设施土壤进行高温消毒或通电处理，减少虫口密度。⑤整地时每 667 米² 施入 3％米乐尔颗粒剂 8 千克，或 10％克线磷颗粒剂 1～1.5 千克，效果较好；用棉隆作熏蒸剂，每 667 米² 用量 2 千克，掺入 40 千克细土，撒入定植畦 6 厘米下方，通过毒气熏蒸杀死线虫，7 天后让气体挥发净，可在棚内播种或定植；选用 1.8％爱福丁乳油，每平方米用 1 毫升稀释 1 000 倍，定植前喷施土壤表面消毒，或定植后用 1.8％爱福丁乳油 3 000 倍液、50％辛硫磷 1 000 倍液灌根，每隔 10～15 天灌一次，也可收到明显的防治效果。

提 示 板

烧烤土壤消灭线虫：利用温室夏季休闲期，将土壤深翻但不打碎坷垃，在地面铺放 15~20 厘米厚的麦糠或稻壳，如有废弃的糠醛渣盖到上面更好，四周铺放细软的柴禾，点燃细软柴禾，保持暗火慢慢燃烧，发现明火可用土压住，1个温室大约经过 3~4 天可燃烧完毕，此间最好要经常监视。燃烧中可使 20 厘米土层的温度达到 70℃以上，足以杀死线虫。

93. 怎样防治瓜蚜?

（1）症状　为害瓜类蔬菜的蚜虫叫瓜蚜，俗称蜜虫、腻虫。瓜蚜成虫和若虫均用口针吸取汁液为害。当嫩叶和生长点被害后，由于叶背被刺伤，生长缓慢，叶片卷缩，严重时卷曲成团，生长停止，甚至萎缩死亡。老叶被害后，虽不卷叶，但提前干枯，使结瓜期缩短，严重影响产量。瓜蚜还排泄蜜露，既阻碍正常生长，又招致病菌寄生，在叶子上造成一层煤污斑，影响光合作用，减少干物质的积累。

（2）为害特点　瓜蚜冬季以卵在寄主上越冬，繁殖力很强，在北方一年发生 10 余代，随着设施蔬菜的发展，一年四季均可发生，为害比较严重。所以瓜蚜的防治应及时。温、湿度是影响瓜蚜数量消长的主要因素，春天气温稳定在 5℃以上时，瓜蚜的越冬卵就开始孵化。月平均气温稳定在 12℃以上时就开始繁殖。当气温平均超过 25℃、相对湿度超过 75％时瓜蚜的繁殖就受到抑制。气温超过 30℃、相对湿度达到 80％以上，瓜蚜数量大量下降。

（3）防治方法　①防治蚜虫不仅是为了防止蚜虫的直接危害，还有防止发生病毒病的作用。育苗或定植前，用敌敌畏熏蒸温室，可减少蚜源。②蚜虫发生初期，释放瓢虫、食蚜瘿蚊、中华草蛉等天敌捕食瓜蚜，进行生物防治。③发现"中心蚜株"时，及时采用药剂防治，能有效地控制蚜虫的扩散。药液可选用10％吡虫啉可湿性粉剂1 000～1 500倍液，或2.5％功夫乳油4 000倍液，或2.5％天王星（联苯菊酯）乳油3 000倍液，或3％莫比朗乳油2 000倍液，或25％阿克泰水分散颗粒剂500倍液，或3％啶虫脒3 000倍液喷雾。连续喷2～3次，完全消灭为止。④注意轮换用药，以延长杀虫剂使用年限和延缓抗性产生。

提　示　板

　　蚜虫的天敌很多，包括多种瓢虫（如七星瓢虫、多异瓢虫、异色瓢虫、龟纹瓢虫、二星瓢虫等）、多种食蚜蝇、草蛉、寄生蜂、螨类和寄生菌类。这些天敌对瓜蚜有一定的抑制作用。如大面积滥用农药，杀害了大量天敌则可酿成严重的蚜灾。

94. 怎样防治温室白粉虱？

　　（1）症状　温室白粉虱俗称小蛾子，是设施瓜类、茄果类、豆类等蔬菜的重要害虫。以成虫及若虫在叶背面吸取汁液，造成叶片褪色、变黄、萎蔫，严重时甚至枯死。在为害时还分泌大量蜜露，污染叶片和果实，发生煤污病，影响植株的光合作用和呼吸作用。

　　（2）为害特点　温室白粉虱在北方温室条件下一年发生10余代，冬季在室外不能越冬，在温室内可以继续繁殖，第二年随菜苗移栽或成虫迁飞，继续扩散蔓延，秋凉后又迁移到温室。成虫有趋黄性，对白色有忌避性。各虫态在植株上分布有一定的规律，一般上部叶片成虫和新产的卵多，中部叶片快孵化的卵和小若虫多，下部老叶片老若虫和伪蛹多。成虫、若虫均分泌蜜露。成虫活动发育适温为25～30℃，40.5℃成虫活动力明显下降，若虫抗寒力弱。

（3）防治方法　①在白粉虱发生初期，将黄板涂10号机油后挂于行间，略高于植株诱杀成虫；或用市售粘蝇诱杀卡，每667米² 挂15～20个。黄板可兼治美洲斑潜蝇、蚜虫等。②设施果菜上初见白粉虱成虫时，释放丽蚜小蜂成蜂3～5头/株，每隔10天左右放一次，共放蜂3～4次；或人工释放中华草蛉，可有效控制白粉虱发生。或喷洒赤座霉菌菌液，当温室内温度为25～26℃、相对湿度达90％时，赤座霉菌对白粉虱的寄生率可达80％～90％。③药剂防治，可参照蚜虫的防治。

提　示　板

　　温室黄瓜尽量避免与番茄、菜豆混栽，否则白粉虱为害严重。适当调整茬口，将黄瓜与芹菜、油菜、韭黄、葱、蒜等白粉虱不喜食的蔬菜轮作，切断其生活史，达到减轻危害的目的。

95．怎样防治美洲斑潜蝇？

　　（1）症状　美洲斑潜蝇是一种多食性害虫，寄主广泛，黄瓜受害较重。其成虫、幼虫均可为害，雌成虫将植物叶片刺伤，取食并产卵，叶片上布满约0.5毫米的半透明的斑点，成虫产卵有选择

高处的习性，以新生叶为多；幼虫潜入叶片和叶柄为害，产生不规则蛇形白色虫道。美洲斑潜蝇具有个体小、繁殖能力强、食量大等特点，偌大一片瓜叶，可在1周左右时间里被吃尽叶肉，仅留上下表皮，致使叶片叶绿素被破坏，影响光合作用，受害重的叶片干枯脱落。

（2）为害特点　美洲斑潜蝇生长发育适宜温度为20～30℃，温度低于13℃或高于35℃时其生长发育受到抑制。正常情况下，美洲斑潜蝇一年可完成15～20代，若进入冬季日光温室，年世代可达20代以上。

（3）防治方法　①及时清洁田园，把被斑潜蝇为害的作物残体集中深埋、沤肥或烧毁。②种植前深翻土壤使掉在土壤表层的卵粒不能羽化。③成虫始盛期至盛末期，用黄板或灭蝇纸诱杀成虫。④利用斑潜蝇寄生蜂，如姬小蜂、分盾细蜂、潜蝇茧蜂等对斑潜蝇寄生率较高，不施药时，寄生率可达60％。⑤在受害作物叶片有幼虫5头时，掌握在幼虫2龄前喷洒巴丹原粉1 500～2 000倍液，或1.8％阿维菌素乳油3 000～4 000倍液，或48％乐斯本乳油800～1 000倍液，或5％蝇蛆净粉剂2 000倍液；施用昆虫生长调节剂5％抑太保2 000倍液或5％卡死克乳油2 000倍液，对潜蝇科成虫具不孕作用，用药后成虫产的卵孵化率低，孵出的幼虫死亡。防治时间掌握在成虫羽化高峰的8～12时，效果更好。

提 示 板

　　美洲斑潜蝇抗药性极强，发展迅速，对目前市售的多种农药，如有机磷类、有机氮类、菊酯类均有极强抗性。因此，选用植物性杀虫剂，如绿浪2号、1％苦参素、苦瓜籽浸泡液、烟碱水等防治效果较好。

96. 怎样防治蓟马?

（1）症状　主要为害茄果类、瓜类和豆类蔬菜。以成虫若虫锉吸植株心叶、嫩芽、嫩叶、幼果汁液，使被害植株心叶不能正常展开，嫩芽、嫩叶卷缩，出现丛生现象；幼果受害后，茸毛变黑褐色，果实畸形，生长缓慢，严重时造成落果。被害果（瓜）皮粗糙有斑痕，布满"锈皮"，严重影响产量和品质。

（2）为害特点　成虫体长仅 1.4～1.7 毫米，体色淡黄色至褐色。1 年可发生 20～21 代，世代重叠。成虫活跃、善飞、怕光，以孤雌生殖为主，卵散产于叶肉组织内，每雌产卵 30 粒左右。若虫也怕光，到 3 龄末期停止取食，落入表土化蛹。高温、空气和土壤湿度低，化蛹和羽化率高，危害重。

（3）防治方法　①清除田间附近杂草，减少虫源，覆盖地膜，阻止化蛹。由于蓟马虫体微小，常生活于芽、花等隐蔽处，高繁殖性、短生活期，而且卵产于作物组织中，防治难度较大。②当每株虫口达 3～5 头时即应喷药防治，可用 20%好年冬 1 000 倍液，或 5%高效大功臣 1 000～1 500 倍液，或 25%吡虫啉 3 000 倍液，或 40%七星宝 800 倍液，或 2.5%菜喜悬浮剂 1 000 倍液，或 0.3%印楝素乳油 400 倍液，70%艾美乐水分散粒剂 15 000 倍液轮换喷雾防治。在苗期、开花前和花期各喷 1 次，连喷 3 次。喷药重点是植株的生长点、嫩叶背面、花蕾。在蓟马大发生时也可结合浇水冲施杀蓟马的农药，以消灭地下的若虫和蛹。

提 示 板

蓟马对蓝色有强烈趋性，可在温室近地面处每667米²设置30~35块20厘米×30厘米的蓝色粘虫板，同时每隔7~10天要清除一次粘虫板上的蓟马并补刷机油。

97. 黄瓜"花打顶"、"瓜打顶"是什么原因造成的?

（1）症状及发生原因 黄瓜设施栽培中，常出现花打顶现象，即黄瓜植株生长停滞，龙头紧聚。生长点不再生长和伸长，顶端小叶片密集，在很短的时间内形成雌、雄花相间的花簇，黄瓜形成自封顶，即"花打顶"；如顶端出现小瓜纽，俗称"瓜打顶"。植株不再有新叶和新梢长出，中下部叶浓绿，表面多皱缩和突起。如不及时采取措施植株将很快死亡，造成早期减产，严重影响经济收入。

黄瓜"花打顶"和"瓜打顶"是一种生理病害。发生的主要原因是棚内温度偏低，尤其是夜温偏低，昼夜温差大造成的。黄瓜出苗不久，在长出真叶的同时就开始了花芽分化。当有3～4片真叶时，在植株的生长点已分化出20个以上的叶原基和花原基，叶原基将来长成叶片，花原基逐步形成雌花和雄花。黄瓜在温室昼夜温差大和短日照条件下，有利于雌花的形成，而雌花和雄花的形成则需要更多的营养物质，所以雌花形成的过多，就会对营养生长产生抑制，出现"花打顶"或"瓜打顶"。其次，地温偏低，土壤过干或过湿，施用了未腐熟的粪肥，或单一过量使用氮素化肥，造成黄瓜根系发育差，吸收能力弱，形成花打顶。另外，菜农为了追求高产，常使用类似于植物内源激素的赤霉素、增瓜灵等。这样就使黄瓜体内的内源激素增高，使营养物质主要运向雌蕊，形成雌花，甚至连续出现多个雌花，雄花则退化，成为只有老叶而无新叶的自封顶植株。

（2）防治方法　①加强温光管理，最大限度地利用太阳光，提高温度，延长光照时间。使幼苗花芽分化阶段夜温不低于 13℃，日温不低于 23℃。②定植后及时中耕，反复松土，提高地温，增加土壤通透性，促进根系发育，多发新根。③水分供应要充足，定植水和缓苗水一定要浇足，并根据天气、植株的长势以及温室的不同位置、水温的高低等因素进行适当的调节。④每 7 天喷施一次 300～400 倍的细胞分裂素，可以有效地促进侧芽萌发，并使其快速生长。

提　示　板

　　对已出现花打顶的植株，及时采收熟瓜，并对雌花多或瓜多的进行疏花疏果，一般健壮植株每株留 1~2 个果实，弱株上的瓜全部摘掉以抑制生殖生长，迫使养分向营养生长的部位运输。

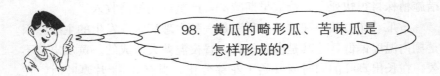

98. 黄瓜的畸形瓜、苦味瓜是怎样形成的？

　　（1）畸形瓜　黄瓜的畸形瓜包括弯瓜、尖头瓜、大肚瓜、蜂腰瓜等非正常形状的瓜（图 35）。形成畸形瓜的主要原因包括两方面：一是授粉受精不良，导致果实发育不均衡。如黄瓜授粉受精不完全，仅在先端产生种子，则形成大肚瓜；仅一侧受精产生种子，则形成弯瓜。二是植株中营养物质供应不足，干物质积累少，养分分配不均。

如果实膨大期间，肥水不足，果实中不能得到正常的养分供应，易形成尖头瓜、蜂腰瓜或弯瓜，植株缺钾或氮过量易形成大肚瓜。黄瓜在生长过程中，瓜条受到外物的阻挡而不能伸直，也易产生畸形弯曲。

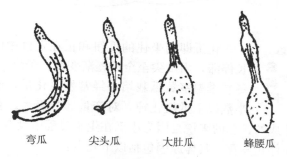

弯瓜　　　尖头瓜　　　大肚瓜　　　蜂腰瓜

图35　黄瓜畸形瓜示意图

生产中可通过花期人工授粉、放蜂授粉，结果期加大水肥供应等措施来减少畸形瓜的产生。对于外物阻挡造成的机械弯瓜，及时去除阻挡物，使瓜条下垂即可。

（2）苦味瓜　黄瓜设施栽培中，经常出现苦味瓜，苦味轻者食用略感发苦，重者失去食用价值。尤其是根瓜更易出现苦味瓜，瓜条苦味的直接原因是苦瓜素在瓜条中积累过多。生产中如偏施氮肥、土壤干旱、地温低造成根系发育不良、设施内温度过高导致植株营养失调以及品种的遗传特性等因素都易形成苦味瓜。

生产中可通过选用不易产生苦瓜素的品种、配方施肥、及时灌水、勤中耕、合理通风降温等措施来减少苦味瓜的发生。

提　示　板

　　如果发生弯瓜，在幼花开放前后，用刀片在弯瓜背处竖划1道浅印，再横切1~3道浅印，深不过0.5厘米，长2~5厘米。这样弯瓜就能变直，而且销售时伤口几乎看不出来。

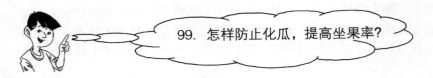

99. 怎样防止化瓜，提高坐果率？

化瓜即刚坐住的瓜纽和正在发育中的瓜条，生长停滞，由瓜尖至全瓜逐渐变黄、干瘪，最后干枯。冬春季温室黄瓜栽培中经常发生化瓜，严重时甚至半数以上瓜纽化掉，对产量影响极大。黄瓜化瓜是多种原因造成的，总的来说是因为小瓜在生长过程中没有得到足够的营养物质而停止发育。具体原因包括以下几点：

（1）单性结实能力弱 黄瓜生育前期昼夜温差大，形成的雌花多而雄花少，此时昆虫尚未活动，缺乏授粉媒介，又不进行人工授粉，主要为单性结实，单性结实弱的品种就易化瓜。

（2）秧果生长不协调 设施内日温高于32℃，夜温高于18℃，就会引起茎叶徒长，造成光合作用受阻，呼吸消耗增加，从而导致营养不良而化瓜。结瓜初期，茎叶生长旺盛，瓜条生长缓慢，如果此时连续出现20℃以上高夜温，养分就会大量向茎叶分配，造成瓜秧疯长而导致化瓜。

（3）光合效率低 栽植密度过大，通风不良，造成郁闭，光合效率低，光合产物少，小瓜长期不长，因而发生大量化瓜。

（4）植株受害 黄瓜生长期间遭遇病虫害、冷害或药害等不良生长环境，导致生长失调而化瓜。

（5）养分竞争 结果过多，下面瓜不及时采收，造成果实养分竞争，使上部的瓜化掉。

为防止化瓜，生产中应培育适龄壮苗，适时定植，适当稀植，加强通风透光，培养壮根；施足基肥，及时追肥，进行二氧化碳施肥；均匀供水，避免土壤过干过湿；加强放风，防止白天温度过高，适当降低夜间湿度，增加昼夜温差，促进瓜条营养物质积累；尽可能改善温室的光照条件，保证光合作用的正常进行；下部瓜及时采收，防止坠秧；注意肥水管理及病虫害防治，叶面施用叶面肥或糖尿液，可防止大量化瓜发生。

提　示　板

　　如瓜码过密、坐瓜太多，要及时疏花疏瓜，防止小瓜互相争夺养分。已经化掉的小瓜要及时摘除，以防感染病害。

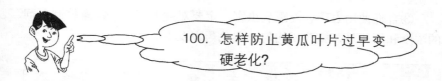
100. 怎样防止黄瓜叶片过早变硬老化？

　　（1）症状及发生原因　设施冬春茬黄瓜经常可以见到叶片过早地变硬、变脆，或叶面凸凹不平等老化现象，造成叶片各项生理功能明显下降，中下部叶片尤其明显。黄瓜叶片过早老化的原因有以下几个方面：

　　①前半夜温度过低，影响了光合产物向果实运输，导致光合产物在叶片中不断地积累，形成泡泡叶。

　　②低温季节多次施用铵态氮肥，由于低温造成土壤中硝化细菌活性降低，植株被迫大量吸收铵态氮。铵态氮多时，黄瓜叶色浓，虽然对提高黄瓜早期产量有效，但此后根系活动弱，吸水受到抑制，同化作用降低，叶片提早老化。

　　③用药频繁或用药不当引发的药害。如高温时喷代森锰锌或喷药后遇高温，多次使用普力克，或一次使用药剂种类多、药量大，都会使叶片很快老化，变厚变硬。

④钙、硼等中微量元素缺乏是造成植株叶片、果皮迅速老化的另一原因。

（2）防治方法

①改善温度条件。通过经常清洁棚膜增加透光率，加强增温保温措施。采用四段变温管理，即使在湿度最低的季节，前半夜温度也应维持在15℃以上，促进光合产物向果实和生长点的运输，减少光合产物在叶片中的积累。

②合理施肥。低温季节减少氮肥的施用量，尽量不用铵态氮。在植株生长中期，要注意叶面补充硼、钙等元素，增强细胞活力，防止老化。

③合理使用农药。发现病虫害一定要对症下药，并注意控制药剂的浓度和用药量，施药要均匀，避免药害发生。

提 示 板

做过消毒处理的土壤，大量硝化细菌也会被杀死，避免一次性施入大量铵态氮肥，防止黄瓜出现"多铵症"，造成叶片老化。有条件的可选用含硝态氮的肥料。

参　考　文　献

高丽红.2007.黄瓜栽培技术问答.北京：中国农业大学出版社.

刘天英.2007.保护地黄瓜种植难题破解 100 法.北京：金盾出版社.

马蓉丽.2006.无公害黄瓜栽培.太原：山西科技出版社.

吴国兴，陈杏禹.2007.名优蔬菜反季节栽培.北京：金盾出版社.

吴小波，等.2006.怎样提高黄瓜种植效益.北京：金盾出版社.

尹彦.2005.黄瓜高产栽培.第 2 版.北京：金盾出版社.

中华人民共和国农业部.2009.黄瓜技术 100 问.北京：中国农业出版社.

图书在版编目（CIP）数据

无公害黄瓜致富生产技术问答/陈杏禹主编．—北
京：中国农业出版社，2013.1
（种菜致富技术问答）
ISBN 978-7-109-17558-7

Ⅰ．①无…　Ⅱ．①陈…　Ⅲ．①黄瓜－蔬菜园艺－无污
染技术－问题解答　Ⅳ．①S642.2

中国版本图书馆 CIP 数据核字（2013）第 003755 号

中国农业出版社出版
（北京市朝阳区农展馆北路 2 号）
（邮政编码 100125）
责任编辑　孟令洋

中国农业出版社印刷厂印刷　新华书店北京发行所发行
2013 年 1 月第 1 版　2013 年 1 月北京第 1 次印刷

开本：880mm×1230mm　1/32　印张：6.375　插页：4
字数：160 千字
定价：15.00 元
（凡本版图书出现印刷、装订错误，请向出版社发行部调换）

中农26号

中农116号

津优38号

津优401

津优35号

博美4号

顶新100A

津优308号

春秋大丰

际洲露星21-6

津棚203

燕白黄瓜

泥炭营养块育苗

黄瓜嫁接育苗——插接

黄瓜嫁接育苗——靠接

黄瓜嫁接育苗——劈接

黄瓜嫁接育苗——贴接

黄瓜开沟定植

定植后覆盖黑色地膜

合垄后铺设滴灌管

覆盖银灰色地膜驱避蚜虫

日光温室越冬茬黄瓜落蔓栽培

塑料大棚秋延后栽培

温室后墙张挂反光幕

温室内悬挂杀虫灯

黄板诱虫

蓝板诱虫

阻隔农药的"套管栽培"

黄瓜"戴帽"出土

出苗后未及时降温形成高脚苗

黄瓜小老苗

闪苗

黄瓜冷害

黄瓜化瓜

黄瓜弯瓜

黄瓜"花打顶"

黄瓜苗期猝倒病

黄瓜灰霉病发病初期

黄瓜灰霉病病果

黄瓜霜霉病叶正面

黄瓜霜霉病叶背面

黄瓜白粉病

黄瓜枯萎病发病初期　　　黄瓜枯萎病后期茎部表现　　　　　黄瓜病毒病叶

黄瓜靶斑病　　　　　　　　　　斑潜蝇为害黄瓜叶片

蚜虫为害黄瓜果实　　　　　　　蚜虫、白粉虱引起的煤污现象